Common Data Manual of Decoration

装修常用数据手册

空间布局和尺寸

尤呢呢 著

U0283911

江苏凤凰科学技术出版社·南京

图书在版编目（CIP）数据

装修常用数据手册：空间布局和尺寸 / 尤呢呢著.
—— 南京：江苏凤凰科学技术出版社，2021.9（2025.3重印）
ISBN 978-7-5713-2365-3

Ⅰ．①装⋯ Ⅱ．①尤⋯ Ⅲ．①住宅－室内装修－数据
－手册 Ⅳ．①TU56-62

中国版本图书馆CIP数据核字(2021)第174755号

装修常用数据手册　空间布局和尺寸

著　　　者	尤呢呢	
项 目 策 划	凤凰空间 / 庞　冬	
责 任 编 辑	赵　研　刘屹立	
特 约 编 辑	庞　冬	

出 版 发 行	江苏凤凰科学技术出版社
出版社地址	南京市湖南路1号A楼，邮编：210009
出版社网址	http：//www.pspress.cn
总 经 销	天津凤凰空间文化传媒有限公司
总经销网址	http：//www.ifengspace.cn
印　　　刷	北京博海升彩色印刷有限公司

开　　　本	889 mm×1194 mm　1 / 32
印　　　张	6
字　　　数	153 600
版　　　次	2021年9月第1版
印　　　次	2025年3月第9次印刷

标 准 书 号	ISBN　978-7-5713-2365-3
定　　　价	45.00元

图书如有印装质量问题，可随时向销售部调换（电话：022-87893668）。

推荐序 1

尤呢呢是我新认识的老朋友。"新"是因为我们在今年 5 月才初次见面,"老"是因为我们神交已久,"尤呢呢"这个 ID 是我在"什么值得买"APP 上多次看到,也是多次被同事提及的优秀创作者。

2010 年我创立"什么值得买"的初心是希望充分发挥网友的专业能力与分享精神,帮助平台上其他用户正确地进行消费决策,使大家不花一分冤枉钱。有幸的是,"什么值得买"也是尤呢呢达人之旅的起点。这些年,尤呢呢一直在家居领域创作原创内容。在积累内容素材的同时,他也在不断精进和加深对行业的认识与理解。经过几年的努力,尤呢呢成功从一位爱好者升级为家居领域的 KOL(关键意见领袖),在 IP 行业的影响力也与日俱增。

令我惊讶的是,尤呢呢未止步不前满足于当下的成就,或是沉浸于商业变现。他对专业知识的挖掘与整理有更高的追求,这本书即是证明。在这本书里,我没有读到艰深华丽的辞藻,也没有看到纷繁复杂的插图,但感受到了他丰富的经验和务实的态度。我相信这本来自一线人员的尺寸指导手册,定能帮助热爱生活、追求装修品质的用户收获知识，少走弯路。

在我和尤呢呢的交流中，我能感受到他是一个热爱生活、为人诚恳、热爱钻研和崇尚分享的人。我有着和他类似的性格和经历，身边也有许多具备同样特质的人，我把这种特质称为"极客精神"。正因有这样的精神，我才会创立"什么值得买"，各行业才会涌现出越来越多的"尤呢呢"们。只有这样的人越来越多，经过有效整理的专业消费内容才会越来越扎实，这个世界的消费信息流动才会越来越顺畅，关于消费的真知才会被更多人了解与掌握，消费行为产生的幸福感才会越来越强。这将是一个多么美好的世界！

作为尤呢呢创作道路上的支持者，我深感荣幸。这是一个人人都可以快速获取知识和输出影响力的时代。我相信越来越多的爱好者们将会走上尤呢呢这样的成长之路。期待"尤呢呢"们的下一本著作问世。

隋国栋

"什么值得买"APP 创始人

推荐序 2

"好的家装设计会改变你和家人的相处方式""舒服比漂亮更重要",读完这本书,我瞬间觉得自己一向坚持的居住理念有了具体可行的方法论支撑。

尤呢呢是"一兜糖"APP 的模范屋主,坐拥 10 万粉丝,网络影响力颇大,这次他拿出"家的主理人"态度,把多年来的家装实践经验和知识真诚地整理分享出来著录成书。书中梳理了人与各空间的尺度关系,将繁杂的家装难题进行数据拆解、规范,以及可视化处理,可以说干货满满,诚意十足。

鞋柜怎么设计才能容纳 100 双鞋子?沙发怎么围合更有利于社交?儿童房如何设计才能满足多功能需求?迷你卫生间如何进行干湿分区?开关、插座如何定位?……这些问题你都能在书里找到答案。

良好的生活方式离不开感性的认识和理性的逻辑思考,推荐各位装修中的朋友、家居爱好者阅读这本简单、实用的工具书,它可以帮助大家省时、省力地解决装修问题,把房子住成家,让家变得更有温度。

徐红虎

"一兜糖"APP 创始人

前言

大家好，我是尤呢呢，我的专业和本职工作其实都与家装完全不相干，但是因为我在装修时想要打造出一个真正适合自己的家，所以走上了自己装修的"折腾之路"。可以说我是从"装修小白"一步步成为家居博主的。相对于专业室内设计师来说，我的专业深度可能不够，但从图书内容的实用性而言，本书更适合"装修小白"去阅读和参考，也更加接地气。

我看过很多装修类的热门书籍，书中的内容确实十分专业且详尽，但是这些书的内容过于繁杂和艰深，我常常是兴冲冲地买来看一段时间，然后就束之高阁，获取的后续装修中能真正用得上的知识并不多。基于此，我一直想写一本装修新手也能轻松看懂的入门书，希望把自己近些年沉淀的装修经验分享给即将装修的朋友们，让大家在装修过程中少走弯路甚至不走弯路。

我个人觉得装修中的硬装工艺、尺寸预留和装修风格，分别对应人的骨骼、肌肉和服装。硬装工艺的问题类似于我们人体的骨质疏松，不重视的话极有可能骨折，甚至危及生命；尺寸预留的问题就像肌肉不协调，虽不一定出现致命性问题，但会影响我们日常生活的舒适度、便利度；而风格糟糕大概等于服装搭配失误，有损颜值。

装修中，硬装工艺主要依赖施工师傅的专业能力，装修风格可以通过后期软装搭配来自我改善、优化，但尺寸问题是装修过程中最容易出错的点。尺寸问题需要反复修改、确认，比较适合系统地学习，而不仅仅是看一些装修灵感书或读几篇网络热文就可以解决的。

故而，我的这本小书就是从"装修小白"的角度，把装修中会遇到的关键尺寸总结成简单易懂的示意图或表格形式，便于大家随时查找和使用，快速、有效地解决装修过程中涉及的常用尺寸问题。

本书的核心内容是九大家居空间的布局和尺寸设计，包括玄关、客厅、餐厅、厨房、卧室、儿童房、书房、卫生间和阳台。这些空间布局以及相关预留尺寸与大家的日常生活息息相关。另外，我还总结了时下关注度比较高的开关、插座的安装位置，水路设计以及灯具预留的相关数据尺寸。附录部分特别增加全屋电器安装预留尺寸、装修流程耗时表和装修物料购买跟进表，主要作用是帮助读者搞清楚应该在哪一步确认何种尺寸。

书中的各类尺寸都是基础性的，用现在流行的话来讲，就是"底层逻辑"的内容，在很长一段时间内不会失去指导意义，大家完全可以放心参考。最后希望本书能帮助你设计出适合自己的舒适的家。

尤呢呢

目录
CONTENTS

1 九大家居空间的布局和尺寸设计

电路设计、水路设计和灯具安装的相关数据

附录

九大家居空间的布局和尺寸设计

装修前必知的三大类基础尺寸

过道宽度、座椅周围的空间预留和常用家具的使用高度是家居空间设计中最重要的三大类基础尺寸。这些尺寸看似不起眼，但是在实际使用过程中，家中大部分尺寸都是在这三类尺寸的基础上进行变化和设计的。

过道宽度

成年人的肩宽约为 52 cm，为了保证一个人正常通行，紧凑型过道的宽度最小为 60 cm，这个过道宽度适用于床边过道、沙发旁的过道等。舒适型过道的宽度为 80 cm，能保证一个人更自由地通行，衣柜到床边的最小距离、厨房过道的最小宽度都应该做到 80 cm。

宽松型过道的宽度通常为 100 cm，适用于玄关过道、中岛过道、厨房过道等。双人并行过道的宽度为 120 cm，这个宽度可以是客厅茶几与电视柜之间的过道宽度，也可以是常规走廊的宽度。

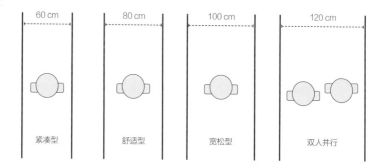

座椅周围的空间预留

除了预留过道空间外，家中其他空间的预留基本是为了方便使用座椅，并保证座椅周围的动线流畅。

餐桌到墙面的紧凑型距离为 60 cm，这个距离仅方便就餐者落座、起身。

餐桌到墙面的舒适型距离为 80 cm 左右，就餐者拉出椅子后仍有充裕的活动空间。

若要保证座椅后方能够正常过人，餐桌到墙面的距离至少需要预留 100 cm。

就餐者坐在椅子上时腿部占用的空间为 40 ~ 45 cm 宽，坐便器、沙发、梳妆椅的前方空间的预留也可以参考这个尺寸。

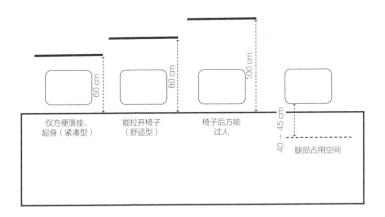

常用家具的使用高度

常用家具的使用高度主要是指座椅的座面高度，餐桌、书桌等的使用高度，以及中岛台面、餐边柜等的高度。

椅子的座面高度通常在 45 cm 左右，这个高度是普通餐椅、办公椅和单人沙发的高度，舒适型沙发、换鞋凳的高度会适当降低些（35 ~ 42 cm），床的高度会适当升高一些（46 ~ 50 cm）。

餐桌高度在 70 ~ 75 cm 之间，书桌、工作台、梳妆台等的高度都在这个范围内，这个高度比较适合人坐着时使用。

台面的高度为 80 ~ 90 cm，橱柜台面、中岛台面、餐边柜台面以及其他站立操作和置物的空间，都是根据这个高度变化而来的。

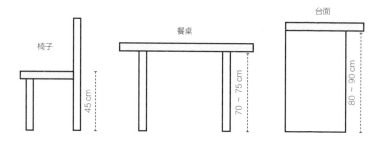

总结

过道宽度：紧凑型为 60 cm，舒适型为 80 cm，宽松型为 100 cm，双人并行为 120 cm。

餐桌到墙面的距离：紧凑型为 60 cm，舒适型为 80 cm，座椅后方能过人为 100 cm。

常用家具的使用高度：椅子的座面高度为 45 cm，餐桌等的使用高度为 70 ~ 75 cm，中岛台面等的高度为 80 ~ 90 cm。

本节提到的这三类尺寸是装修中最基础、最常用的数据，接下来会在后面具体的家居空间中结合这三类尺寸，讲解不同空间的布局以及相关定制家具的尺寸设计。

玄关的常见布局和玄关柜设计的相关尺寸

玄关的基本功能

玄关是进入家中的第一个空间，也是使用十分频繁的场所，代表着家的第一印象。过去玄关的作用主要是阻断视线，不让人一眼看见室内空间，起到增加视觉层次感的作用。但是随着房价的日益攀高，现在国内大多数户型的玄关作用更加倾向于实用的功能——收纳能力。如果玄关的收纳功能做得不好，那么进门可能满地都是鞋子，影响进出门的效率，以及全家的整洁性。

本节将结合玄关布局的基础尺寸和玄关柜的六大常用功能给出相关设计要点。

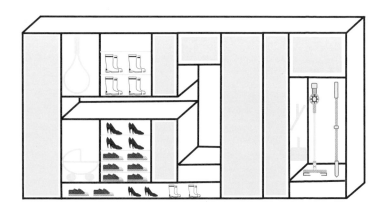

玄关的常见布局

要想把玄关设计得更合理，首先需要掌握两个关键尺寸：一是玄关柜的基础尺寸，二是玄关过道的常用尺寸。

对于普通家庭来说，玄关柜的主要作用就是收纳鞋子以及进出门的衣帽（外套通常平着挂），因此玄关柜的最小深度取决于鞋柜的深度。一般来说，45 码的鞋子内长 29 cm，加上外长，总长度在 33 cm 以内，因此进深 35 cm 的玄关柜基本可以满足日常的使用需求。进深达到 40 cm 时，能放进鞋盒。

玄关过道的宽度在本章第 1.1 节"过道宽度"就讲到了，紧凑型过道的宽度为 60 cm，舒适型过道的宽度为 80 cm，宽松型过道的宽度为 100 cm，保证双人通行的过道宽度为 120 cm。根据国内常见的户型，玄关可分为三大类。

1. 细长形玄关

细长形玄关是最常见的一种玄关类型，墙位于入户门的两侧。如果两侧墙体之间的距离小于 150 cm，只能在单侧设计一组进深在 35 cm 左右的玄关柜。

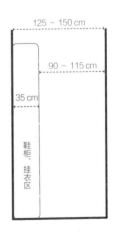

如果两侧墙体之间的距离大于或等于 160 cm，则可以设计双侧玄关柜。为了避免入户门打开时撞到鞋柜，最好在门后加装门档，门档的长度约为 5 cm，那么大门离侧墙至少需要有 40 cm。

2. 开门见墙式玄关

这种玄关设计常见于面积较大的户型（深度至少要有 125 cm），入户门正对着墙面，这个时候可以在门的正对面设计一个鞋柜，鞋柜深度可以做到 35 cm。

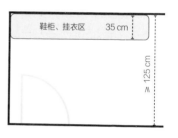

有的户型进门后非通道的一侧还有一个小空间，可以在这里定制换鞋凳或储物柜，把出门要用的小推车及日常的清洁工具等都放到这里。

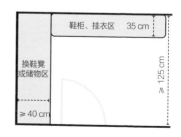

3. 开放式玄关

开放式玄关也就是大家通常说的无明显玄关的户型，此类玄关多位于空间中间位置，进门后可能就是餐厅、客厅，此时可以利用玄关柜做个小隔断，从而阻止视线一览无余。

也有进门后左边是客厅、右边是餐厅的设计，这种户型直接在左右两侧沿墙定制玄关柜，以满足收纳需求。为了让空间更显开阔，建议一侧做封闭式全尺寸玄关柜，另一侧做开放式窄玄关柜（深度为 15 ~ 25 cm）。

玄关柜设计模块图

1.鞋柜模块

玄关放置的鞋子主要有三类：拖鞋、常用鞋和过季鞋子。一般来说，鞋柜最下层悬空放置拖鞋，中层放置常用鞋子，最下层和最上层放置过季的鞋子。

基础数据：通常鞋柜进深在 35 ~ 40 cm 之间（可以放下45 码以内的鞋子），底部留空 20 ~ 25 cm（方便打扫和放拖鞋，同时可以设计感应灯和插座）。

层板高度：鞋柜上下层板的间距一般为 16 cm，但这个尺寸并不适合所有的鞋子，因为不同款式的鞋子高度差异较大，比如运动鞋（12 ~ 15 cm 高）、高跟鞋（15 ~ 25 cm 高）、高筒靴（35 ~ 40 cm 高），因此最好设置活动层板。

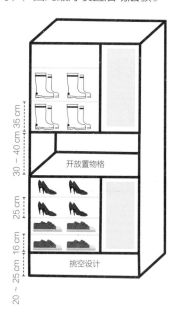

柜门：鞋柜门建议使用百叶门，既透气又能防止鞋柜中出现异味；鞋柜省去门把手，视觉效果更加简洁，还可以节省预算。

玄关深度不足：鞋柜采用层板斜放设计，深度可以做到 17 ~ 25 cm。

柜体容量扩充：如果有条件，鞋柜尽量做到顶，顶部收纳换季鞋；内部可使用旋转式鞋柜五金，虽然价格有点贵，但是实用性很强。

2. 外套悬挂区

南方的朋友对外套悬挂区的需要不如北方，因为南方人冬天到家不用直接脱掉外套，但北方人回到家第一件事就是脱外套，因此在玄关设计外套悬挂区十分必要。

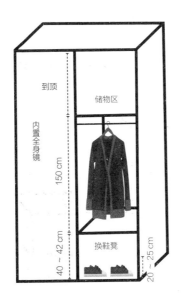

位置设计：直接在墙上设计几个挂钩，既简洁又节省费用；或者定制带柜门的薄款衣柜，薄衣柜正挂衣物可以避免落灰；衣柜门和鞋柜设计一致，视觉效果更好。

直接把穿衣镜设置在玄关，是很多人都比较避讳的设计手法，但在实际使用过程中进门有一面全身镜会非常实用，方便出门整理仪容。如果实在忌讳，也可以把镜子置于玄关柜中，需要使用时打开柜门即可。

3. 换鞋凳

换鞋凳通常是和鞋柜搭配使用的，若没有换鞋凳，穿换鞋子时会非常不便，且对老人而言存在安全隐患，因此如果有条件，建议在玄关设计一个换鞋凳。

正常椅子的座面高度在 45 cm 左右，换鞋凳可以降低 3 ~ 5 cm，舒适的高度设计为 40 ~ 42 cm，这样人坐上去之后，大腿与地面平行。换鞋凳可以设计在挂衣区，也可以在玄关柜的最底部设计伸缩换鞋凳，不用的时候推进去即可。

4. 用来放置随手件的开放收纳格

进出门的随手件主要是指包包、钥匙、门卡、配饰等，如果空间充足还可以放置剪刀等方便进门拆快递的工具。开放收纳格的高度可以设计为 30 ~ 40 cm。

台面高度：放置随手件的台面高度基本与胳膊肘齐平，约等于身高 ×0.6，高度在 90 ~ 105 cm 之间，这个高度既不需要弯腰又不用抬手。

灯光、插座：台面区可以设计感应灯，在提供进门灯光的同时，还能营造出归家的氛围；也可以设置一个插座，方便为随手物件充电。

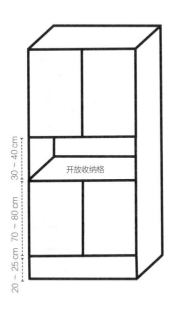

5. 大件外出用品收纳区

大件外出用品主要指在室外使用的物品，这些物品通常容易脏，例如雨伞、婴儿车、滑板车、球类、球拍等。这个空间类似储物间，需要玄关面积较大或者玄关旁边有单独空间的户型。如果真的可以挤出一部分专用的收纳空间，则可以有效避免家里出现混乱情况，大幅度降低家中的清洁难度。

6. 清洁工具收纳区

清洁工具通常也比较脏，最好放在玄关。例如无线吸尘器、洗地机、静电拖把、扫地机器人等干的清洁工具，可以利用洞洞板或各种挂钩进行收纳，占用空间虽然不多，但是作用不可小觑。

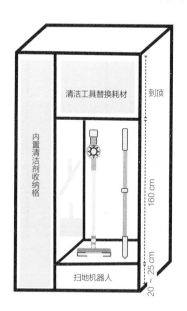

总结

想要玄关设计得更实用、更合理，收纳能力应放在第一位，进门收纳做得不到位，即使屋内收纳得再整洁有序，也会给人一种家里很乱的感觉。

关于玄关设计记住以下尺寸：玄关柜的深度为35 ~ 40 cm，鞋柜内部设置活动层板，底部挑空的高度为20 ~ 25 cm；换鞋凳高度为40 ~ 42 cm；玄关柜中间开放收纳格的高度为30 ~ 40 cm，台面高度约等于身高 ×0.6（90 ~ 105 cm）。只要掌握这些关键尺寸，玄关设计会变得很轻松。

客
厅
的
常
见
布
局
和
设
计
的
相
关
尺
寸

客厅的基本功能

客厅顾名思义就是会客的地方，但不知从何时起，客厅的中心变为了电视机，千篇一律的布局方式为：一排沙发 + 大茶几 + 电视机。

显然，越来越多的人意识到这种"老三样"的布局已经不能满足日常的生活需求，而客厅作为家里单间面积最大的空间，除了看电视外，还可以拥有其他功能，比如会客、影音娱乐、与家人交流、放松身心……本节就来和大家聊聊客厅的常见布局以及尺寸预留，希望能给大家带来更多的客厅布局新思路。

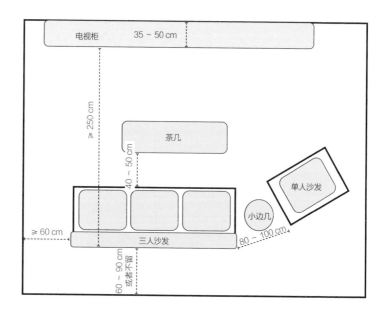

沙发的常用尺寸

客厅的主要家具是沙发、茶几和电视柜，其中体量最大的要数沙发了。想要把客厅设计好，提升生活的舒适度，一定要选择尺度合适的沙发，这里需要注意两个关键尺寸：沙发的深度和长度。

1. 沙发的深度

紧凑型沙发的深度一般是在 75 cm 左右，座面高度为 45 cm，比较适合小户型使用。舒适型沙发的深度一般在 85 ～ 100 cm 之间，座面高度为 40 cm 左右。

无论是紧凑型还是舒适型，沙发的座面深度都应该在 48 ～ 60 cm 之间。座面深度过深，小腿无法自然下垂；座面深度过浅，又会让人有种坐不住的感觉。

2. 沙发的长度

单人沙发的长度为 80 ~ 120 cm，双人沙发的长度为 120 ~ 180 cm，三人沙发的长度为 180 ~ 250 cm，四人沙发和 L 形沙发的长度都在 250 cm 以上，其中 L 形沙发占据的空间尺度较大，需要考虑客厅空间是否够用。

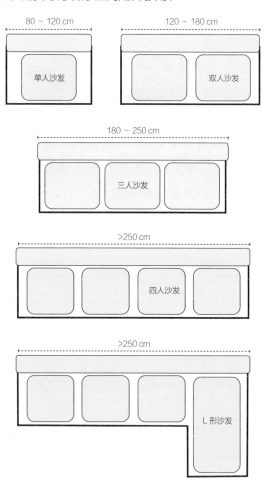

客厅的常见布局方式

结合本章第 1.1 节"过道宽度"中的基础数据，如果客厅的面宽在 250 ～ 300 cm 之间，则适合简单放置一个三人沙发；如果客厅的宽度在 400 ～ 600 cm 之间，则适合摆放一个三人沙发和一个单人沙发；如果客厅的宽度大于 600 cm，则适合放置一个三人沙发和两个单人沙发，或者一个 L 形沙发和一个单人沙发。

1. 以电视机为中心的传统布局

客厅最基础、最常见的布局就是以电视机为中心，这种布局主要由电视柜、茶几和沙发三者之间的距离所决定。

沙发和茶几之间的舒适距离为 40 ～ 50 cm，这个距离方便坐在沙发上的人伸展双腿，并轻松拿到茶几上的物品。沙发背景墙和电视机之间的距离至少为 250 cm。通常来说，电视柜的长度等于电视背景墙的长度减去 50 ～ 100 cm，沙发的长度等于沙发背景墙的长度减 100 ～ 150 cm，电视柜的深度为 35 ～ 50 cm。

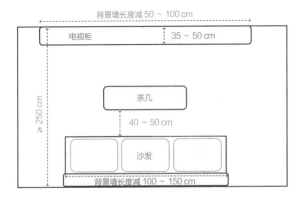

下图的客厅布局其实是传统客厅布局的改版，如果你家里有年龄较小的孩子，或者家人喜欢在客厅做些运动，则可以把大茶几撤掉，直接在沙发一侧或两侧布置小边几，这样就可以预留出更多的活动空间。

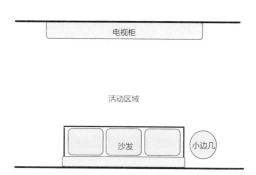

　　也可以将沙发和电视柜垂直摆放，电视柜与沙发中间的过道宽度为 80 ~ 100 cm，沙发到墙面之间的过道宽度至少为 60 cm（若空间不足，也可以只留单侧过道），最大限度地留出客厅中间的公共空间。

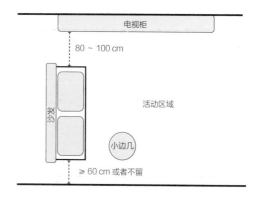

2. 常见的横厅布局

横厅是指客厅的开间大于进深，最典型的横厅布局就是在沙发后面设计一个小餐厅，这也是近几年大户型和别墅常见的公共空间布局方式之一。

对于部分客厅开间较大，但又没有大到可以设计独立餐厅的户型，则可以缩小沙发与电视柜之间的距离，利用沙发后方的富余空间打造开放式书房（工作室）。这部分过道空间至少得100 cm宽，如果宽度可以做到150 cm，那么舒适度会更高。

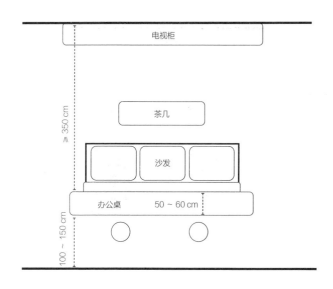

3. 沙发面对面的布局

沙发面对面的布局最主要的目的是"去电视化"，在功能性上，客厅更侧重于交流功能。这种布局最大的问题就是容易显得太过正式，因此可以利用沙发和单椅的混搭来营造轻松舒适的环境，还可以搭配脚凳来提升舒适感。

需要特别注意的是两侧过道位置的空间预留，如果通道宽度太小，空间会显得很局促，建议舍弃沙发到墙体一侧的通道，优先保证主通道的宽度（80 ~ 100 cm）。

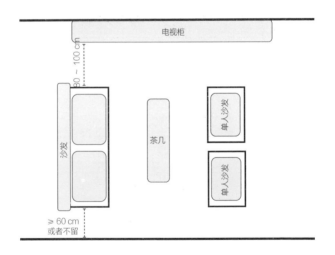

4. 围合式布局

围合式布局就是彻底把电视机从客厅的中心位置赶出去，可以利用隐藏式电视机或者投影幕布来满足偶尔的观影需求。客厅由一个主沙发、茶几和各种单人沙发、单椅，甚至坐垫围成一个圈。相较于面对面的沙发布局，围合式客厅更能增进家人之间的沟通距离。

围合式布局更适合中大户型，客厅的宽度至少得有350 cm。

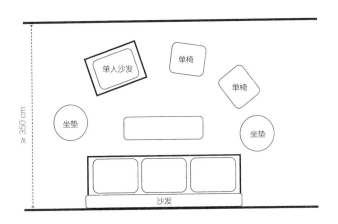

电视机的尺寸和观看电视的最佳高度

沙发到电视机之间的舒适距离通常由电视机的大小决定。沙发靠背后方到电视机的距离为 250 cm，可以选择 80 英寸的投影幕布（65 英寸电视机）；这个距离为 350 cm 时，适合 100 英寸投影幕布（75 英寸电视机）；450 cm 的间距适合 120 英寸投影幕布（85 英寸电视机）。在实际购买时，可以根据自己的预算去商场实际感受一下观影效果。

除了沙发和电视机之间的距离外，客厅还有一个关键数据——屏幕的中心高度。观看电视的高度取决于座椅的高度和人的身高，人坐着时的视平线高度在 100 ~ 110 cm 之间，通常屏幕中心点高度要比坐姿视线高度略低 10 cm，因此屏幕的中心点高度可以设计在 90 ~ 100 cm 之间。

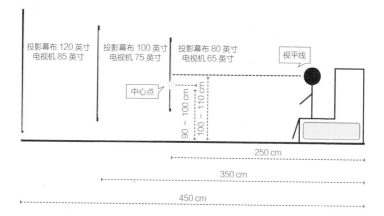

（注：1 英寸 =2.54 cm，尺寸表示投影幕布、电视机屏幕的对角线长度）

选投影仪还是电视机？

很多人总感觉只有大户型才适合安装投影仪，小户型根本没必要考虑，或者说自己家里本来已经有电视机了，何必再去安装投影仪，其实这种想法并不正确。投影仪的发光原理和电视机完全不同，即使近距离观看也不会觉得刺眼。一般来说，只要沙发靠背到电视机的距离大于 350 cm，即便 100 英寸的屏幕也不会显得大。

下面简单做了一个电视机和投影仪的优缺点对比，希望对大家的选择有所帮助。

项目	优点	缺点
电视机	屏幕亮度高，无论白天还是晚上都能轻松观看；色彩更真实，屏幕显示分辨率高	大尺寸电视机价格昂贵，并且运输极为不便；观影效果不如投影仪
投影仪	与电视机同等尺寸，价格更便宜；近距离观看不刺眼，比电视机更护眼	白天需要拉上窗帘观看；灯泡的使用寿命有限（3 ~ 5 年需更换）

总结

虽说"去电视化"的客厅布局越来越流行，但仍未完全成为主流。就当下而言，客厅布局的关键点还是要注意沙发与茶几、电视机之间的舒适距离。因此再强调几个关键尺寸：沙发和茶几之间的舒适距离为 40 ~ 50 cm，沙发背景墙和电视机之间的距离至少为 250 cm。

无论传统封闭式厨房还是开放式厨房，橱柜都是厨房设计的核心。橱柜通常可以分为地柜、吊柜和高柜三个部分，本节就和大家详细聊聊不同类型柜体对应的功能和尺寸，并在此基础上讲解橱柜布局尺寸和厨房的收纳设计。

地柜设计

1. 地柜的功能分区

地柜的基础功能区为：灶台区、备菜区和水槽区，这也是所有厨房必备的区域。

灶台区：用来炒菜的区域，由烟机、灶具或集成灶组成，长度在 70 ~ 90 cm 之间。集成灶的抽油烟效果好，可以节省一段吊柜和地柜费用，缺点是价格高且收纳空间略显不足。

备菜区：用来准备食材和切菜的区域，长度在 60 ~ 90 cm 之间，备菜区太小的话，做饭的人会施展不开，台面也容易显得杂乱。解决方式：借助案板把部分水槽区临时变为备菜区，或者通过中岛增加备菜区。

水槽区：主要用于清洗蔬菜、水果和洗刷碗碟，长度在 60 ~ 90 cm 之间。建议尽量选择大单盆，不论是刷锅还是洗菜，大单盆使用起来都非常方便。

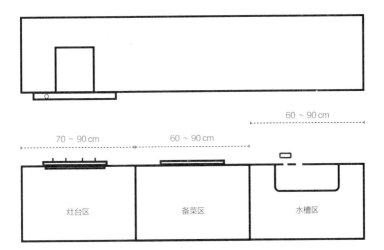

60 ~ 90 cm

70 ~ 90 cm   60 ~ 90 cm

灶台区   备菜区   水槽区

台盆按常见的安装方式分为：台上盆、台下盆和台中盆。三者的区别在于盆的边沿和台面的位置关系，台上盆的边沿在台面上，台下盆的边沿在台面下，台中盆的边沿和台面齐平。推荐台下盆，因为台上盆打理不方便，台中盆施工要求太高。

台上盆   台下盆   台中盆

2. 地柜的相关尺寸

深度：地柜的深度尺寸一般有 35 cm、55 cm 和 60 cm 三种。进深为 35 cm 的地柜多作为次台面（辅助台面）。厨房深度有限的话，台面可以做到 55 cm 深，但 60 cm 深的台面操作起来会更舒适。

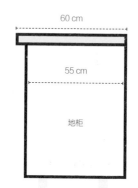

高度：地柜的高度 = 身高 ÷2+5 cm，灶台区可以略低于其他区域 8 ~ 10 cm，高低切换一般位于转角处。台盆区和备菜区不建议再进行区分，否则台面太不连贯，影响正常使用。

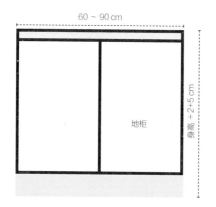

宽度：灶台区的宽度为 70 ~ 90 cm，一般灶台区左右各需要预留 30 cm 宽（可与其他区域共用），用于炒菜时胳膊的伸展以及装盘。备菜区的宽度一般为 60 ~ 90 cm（最好大于 90 cm），如果宽度不足，切菜时会施展不开。

水槽区的宽度在 60～90 cm，在远离备菜区的一边留出至少30 cm 宽，用于碗筷的沥水。若台面的整体宽度有限，则可以舍弃这 30 cm 宽度，直接在水池上沥水，或者使用洗碗机。下图分别为 L 形厨房和一字形厨房的地柜各分区的尺寸预留示意。

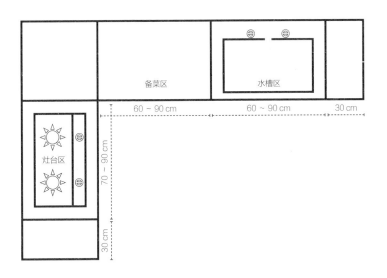

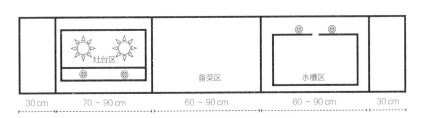

吊柜设计

1. 功能性

吊柜也是厨房的重要部件，主要作用是补充垂直收纳。相对于地柜而言，吊柜的位置较高，主要放置不常用且轻质的物品，如备用餐具、干货等；虽然可以借助下拉篮等五金来更方便地利用空间，但因其造价太高，性价比并不高，建议搭配开放收纳格来提高使用的便利度。

2. 吊柜的相关尺寸

深度：吊柜的深度在 30 ~ 35 cm 之间，需要参考地柜的深度来设计，两者的深度差应控制在 25 cm 左右。如果吊柜设计得太深，使用时容易碰头。

高度：一般来说，吊柜的高度不应大于地柜，否则容易给人造成头重脚轻的感觉，柜体自身高度在 60 ~ 80 cm 之间。

悬挂高度：在抽油烟机处吊柜需要悬挂在距地 170 ~ 180 cm 的高度；若无抽油烟机，吊柜的悬挂高度为 140 ~ 160 cm。

内部分隔高度：吊柜的内部分隔一般为平均分配，但这样会浪费最上层的空间，建议把吊柜下面两层的高度设置为 20 cm，最上面那一格预留 20 ~ 40 cm 高。为了提高使用的便利度，还可以在吊柜下定制 20 ~ 30 cm 高的开放储物格。

宽度：柜门的宽度最好不要超过 90 cm，单门宽度不超过 45 cm，这样可以防止后期板材变形。

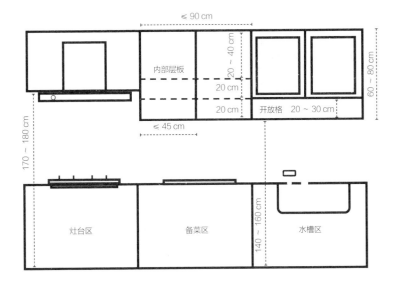

高柜设计

1. 功能性

厨房中的高柜一般分为三种：冰箱高柜、电器高柜和储物高柜。冰箱高柜的主要作用是为了整体好看，因为冰箱上部的吊柜使用率不高。电器高柜主要用来放置烤箱、蒸箱、洗碗机、微波炉等，上下深度一致，深度和宽度基本为60 cm。

储物高柜适用于面积比较大的厨房，多配合联动碗篮置物架（俗称"大怪物"）、侧装拉篮等使用，方便拿取物品，但造价较高。

2. 高柜的相关尺寸

深度：高柜一般位于台面旁，为了方便安装各种嵌入式电器，深度通常与地柜保持一致，约为 60 cm。

高度：与吊柜最高处保持在同一平面上，视觉效果更好，一般为 220 ~ 240 cm 高。

宽度：根据嵌入式电器、冰箱，以及五金的实际尺寸而定，尺度较自由。

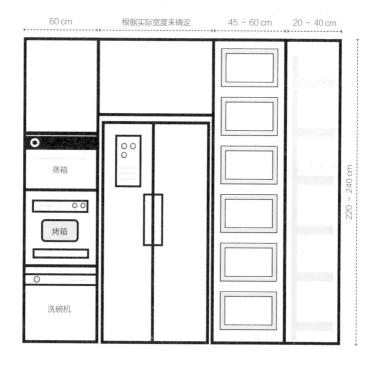

厨房的常见布局设计

常见的厨房布局有五种：一字形、二字形、L形、U形和岛形。国内的厨房无论是烟道、燃气管道、窗户，还是门的位置都是提前确定好的，而且后期基本无法改动，我们能做的就是在相对固定的空间中选择最适合自己的布局。

1. 一字形布局

一字形的橱柜布局多见于公寓式的开放式厨房中，厨房位于走廊一侧，需要沿着墙面布置一排橱柜。功能顺序也比较简单，只需要按照"洗—切—炒"的顺序来布置即可，并且计算好每个部分所需要的长度。

台面深度在 55～60 cm 之间，过道宽度至少要有 80 cm，厨房的总宽度要大于或等于 135 cm。

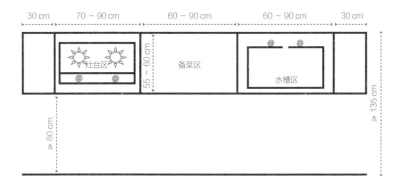

2. 二字形布局

二字形布局一般是厨房外还有一个生活阳台，厨房门正对着阳台的门，需要从厨房中间穿过才能到达阳台。主台面按照一字形布置，次台面根据房屋的实际情况来进行设计。

主台面正常的深度为 60 cm，至少也要做到 55 cm，次台面最少可以做到 35 cm 深，因此厨房的总宽度应大于或等于170 cm。

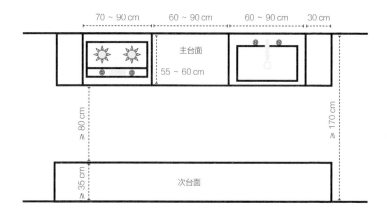

3.L 形布局

L 形布局是最常用的厨房布局方式，因为一般家庭中厨房的门都是开在单边的角上，无法做 U 形，只能设计成 L 形。常用布局是炒菜区或洗菜区在短边，备菜区和剩下的一个区域按照顺序在长边，具体如何选择主要看房间的燃气管道、烟道和下水道的位置。

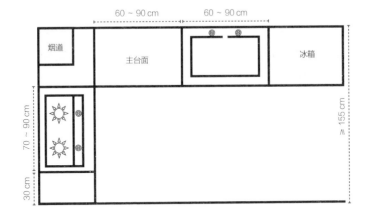

如下图，如果烟道位置合适，最优的选择是把灶台设计在长边，这样操作区的空间会更加宽裕，还可以把冰箱移出厨房。

特别提醒：虽然水槽的最小宽度可以做到 60 cm，但考虑过道宽度最少应为 80 cm，因此厨房的整体宽度至少需要有 135 cm。若选择小尺寸水槽，多余的空间可以扩展为操作台面。

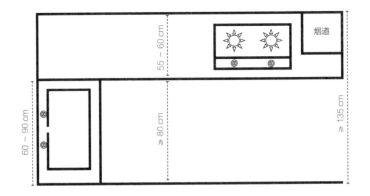

4.U 形布局

U 形布局被称为最完美的厨房布局方式，不但动线顺畅，而且在面积相等的情况下，可以拥有更大的操作台面。U 形橱柜面临最大的问题就是需要长方形厨房，门开在长边或短边都可以，关键是不能有阳台门。因此并不是所有厨房都适用，且 U 形厨房比 L 形厨房多一个转角，所以虽然台面更大，但优势相对有限。

短边 U 形厨房的设计关键点在于开间不能小于 170 cm，否则不如做 L 形厨房。

长边 U 形厨房的长边则应尽量不小于 240 cm，否则操作区使用起来会显得比较局促。

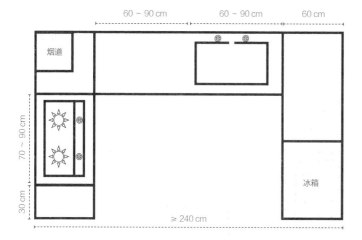

5. 岛形布局

相对于以上四种常见布局，岛形布局在近几年应用得越来越广泛，其功能性也更加复杂，在此重点聊聊。

一提到岛形布局，很多人的第一印象就是只有大房子才能使用，实际上只要你想做开放式或半开放式厨房都可以使用，即便是小户型。

岛形厨房的优点除了储物空间丰富、台面大之外，最主要还是它的样式灵活多变。水槽区和灶台区不仅可以设置在靠墙的橱柜区，还可以设置在中岛上，从而让更多的人参与到做饭的过程中，增强互动性。

（1）储物、操作中岛：最常见的中岛设计方案之一，中岛上不设计灶台或水槽，主要作为西厨操作台面和日常储物区。这种方案的岛台造价最低，但功能性不那么强。

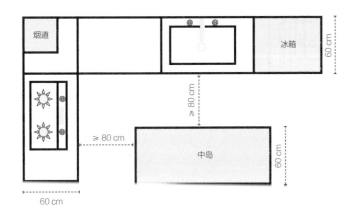

储物、操作中岛除了孤立的设计，还可以把中岛和餐桌相连，这样厨房和餐厅的整体效果更好，更显开阔，而且还节省了走道空间。厨房的过道不能小于 80 cm，餐桌到台面的动线距离要大于或等于 100 cm。

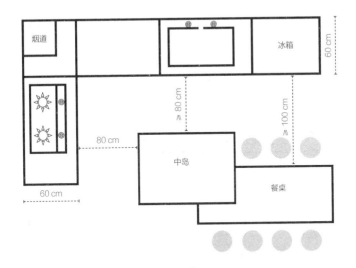

（2）水槽、吧台中岛：如果中岛的面积足够大（台面深度不小于 120 cm），则可以把主水槽设计在中岛上，在中岛上完成洗菜和备菜两个步骤。靠墙的一排操作台仅需完成炒菜工序即可，这样即便多人同时在厨房做饭也不会显得拥挤。

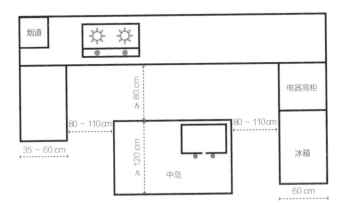

如果中岛面积较为局促，那么可以设计一个小水槽用来洗蔬果和接直饮水（台面深度大于或等于40 cm），另一侧还可以设计抬高的台面作为吧台，吧台深度大于或等于30 cm。

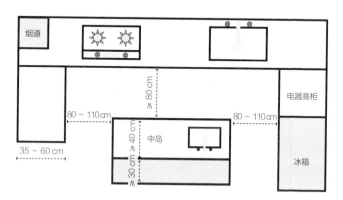

（3）灶台、水盆中岛：这种设计是把厨房的主要功能都集中到中岛上来，适用于面积较大的开放式厨房，操作灵活度很高，而且能彰显高级感。但这种中岛的造价较高，需要重新设计水路、燃气管线以及电路，且中岛专用的烟机、灶台成本也不低。

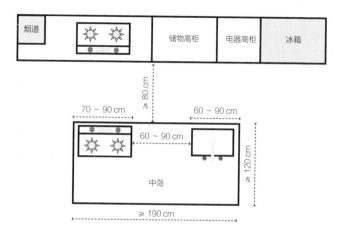

（4）半岛设计：如果厨房空间确实很紧张，但又想拥有中岛，那么可以把中岛的其中一边和橱柜连起来，从而形成半岛。这样既可以满足中岛大部分的功能需求，又不会占用太多空间。中岛台面的深度在 45 ~ 60 cm 之间。

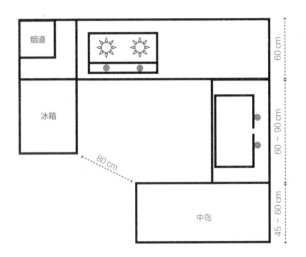

半岛岛台具备储物和吧台功能，但是如果空间太过紧凑，也可以作为单纯的吧台，仅用于补充操作台面的长度。中岛台面的深度在 35 ~ 60 cm 之间。

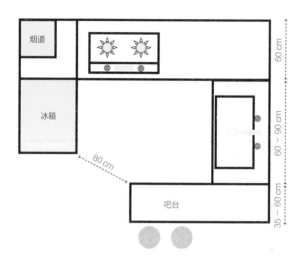

（5）餐桌型中岛：想采用开放式厨房设计，但是单纯的厨房开间不够大或者长度不够长，那么还可以把餐厅空间并进厨房，直接用餐桌代替中岛，在餐桌周围设计橱柜和高柜。餐桌到台面的动线间距要大于或等于100 cm，保证餐椅后方正常过人。

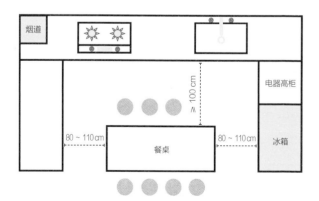

也可以使用底部带有轮子的可移动中岛，根据需要来随时改变中岛的位置与布局。

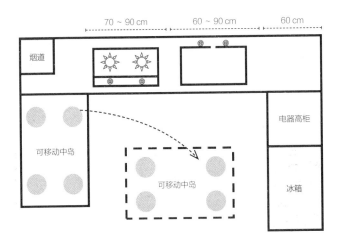

厨房的收纳原则和方式

1. 收纳原则

厨房的收纳设计也很重要，俗话说"授人以鱼，不如授人以渔"，在此简单和大家聊聊厨房的三大收纳原则。

就近原则：把物品放在使用场景附近，缩短收纳动线，方便随手取用。例如油、盐、酱、醋要放在灶台附近，五谷杂粮应放在电饭煲附近，泡打粉、酵母要放在烤箱附近。

分类原则：同一类型的物品要尽量放在一起，这样使用时可以快速找到。例如餐具都收纳在一起，五谷杂粮统一放在一起，清洁用品统一放在一起。

动线原则：主要针对岛形厨房，因为厨房可能同时供多人使用，尽量做到以下两点：一是洗菜、切菜的人与炒菜的人拿取的物品互不影响；二是多人成套餐具收纳尽量远离灶台，因为多人吃饭时一般有人专门负责摆餐具，尽量不影响做饭的人。

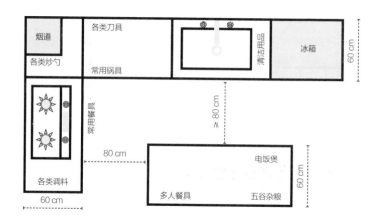

2. 厨房的收纳方式

壁挂收纳：厨房的常用物品，如勺子、刀具、锅盖、案板等尽量采用开放式收纳，主要的收纳方式是挂在墙壁上。

垂直收纳：盘子、平底锅、案板、烤盘等扁平的物品，可以垂直放置，比叠起来更节省空间，且拿取和寻找更方便。

分层收纳：吊柜和地柜单层的高度较高，所放物品的高度比较低时，可以借助收纳工具进行分层收纳。

统一收纳：把不同包装的物品放到统一的包装中进行收纳，既美观，还能保证尺寸一致。

篮筐收纳：因为深度的原因，吊柜和地柜靠内侧的地方不方便拿取东西，可以利用收纳筐来进行收纳，需要时整体拉出。

冰箱收纳：注意冰箱的串味问题和拿取的便捷度，推荐几种收纳盒，如带把手收纳盒、沥水收纳盒和抽屉收纳盒等。

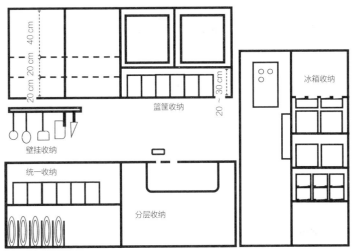

厨房主要五金介绍

1.铰链

橱柜中用的最多的五金就是铰链，一般来说铰链要选择带阻尼的款式（关闭时柔和无声）。铰链主要分为全盖（左图）、半盖（中图）和不盖（右图）三种款式，实际是指这款铰链使用后，橱柜柜门盖住橱柜柜体侧板的程度。

2.抽屉

橱柜抽屉一般分为骑马抽和导轨抽，目前骑马抽使用的较多，导轨抽已基本淘汰。骑马抽又分为内抽和外抽，内抽的主要作用是让外表看起来更加简洁美观。

3. 下拉篮

下拉篮分为双层下拉篮和普通下拉篮，前者多用于高柜中，后者多用于普通吊柜中。

优点：充分利用高处使用不便的空间，显档次。

缺点：储物能力不如普通层板，价格昂贵。

4. 转角五金

橱柜中的转角五金主要有转角拉篮、飞碟和转角"小怪物"。

优点：充分利用转角柜空间，方便拿取橱柜深处的物品。

缺点：价格较高，转角五金本身会占用一定的橱柜空间。

总结

俗话说"金厨银卫"，厨房是所有空间中涉及尺寸最多，细节最丰富，并且整体花费最高的一个空间。因此在装修前一定要认真确认吊柜、地柜、高柜的相关尺寸，否则无论是后期返工还是将就使用都很令人头疼。

关于橱柜的台面高度和宽度，大家都已经足够重视了，但是厨房的过道宽度和橱柜的台面深度往往是最容易被忽视的。这里一定要记住：过道的宽度不能小于 80 cm，台面深度尽量选择 35 cm、55 cm 和 60 cm 这三个标准尺寸。

餐厅的常见布局和餐边柜设计的相关尺寸

餐厅的功能

餐厅的主要功能是提供舒适、轻松的就餐场所，除此之外，餐厅作为客厅的延伸和扩展，承载着交流、收纳、展示等多重功能。无论什么样的餐厅，餐桌椅的大小及布局是餐厅设计的核心。

听上去似乎很简单，但在实际使用过程中，即便只放一张桌子，餐厅依然会存在很多问题。比如，随着使用年限的增加，餐厅会越用越乱，你会发现 140 cm 长的桌子活生生变成了半米桌；又或者为了单纯追求大餐桌，结果过道太窄，造成走动不便，有时甚至连坐到餐椅上吃饭都是个大问题。

这一节主要讲餐桌椅的选购、独立餐厅的常见布局，以及餐边柜的相关尺寸设计。

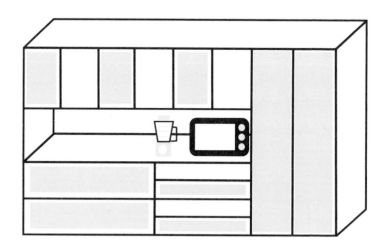

餐桌椅的选择

餐桌的常规形状有方形和圆形两种，其中方形是我个人比较推荐的，也适合绝大多数户型。圆形餐桌多用于迷你的小户型，或者用在大户型完全独立的餐厅中。

1. 餐桌椅的尺寸

餐桌的高度通常在 70 ~ 75 cm 之间，餐椅的座面高度为 45 cm，座面深度在 42cm 左右，除了吊灯距离餐桌桌面的距离为 70 ~ 75 cm 外，餐厅中的其他尺寸略做了解即可。因为无论餐桌还是餐椅，一般都是直接购买成品家具，只需要根据空间大小和实际需求来选择即可。

2. 方形餐桌的尺寸

通常，双人餐桌的尺寸为 80 cm × 80 cm，四人餐桌的尺寸为 140 cm × 80 cm，六人餐桌的尺寸为 180 cm × 90 cm，八人餐桌的尺寸为 220 cm × 100 cm。不必太纠结餐桌的宽度，主要看长度，餐桌生产厂家会根据长度匹配相应的宽度。

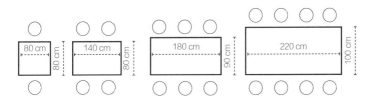

3. 圆形餐桌的尺寸

圆形餐桌的尺寸由其直径决定，餐桌大小一般取决于餐厅的最短边。双人餐桌的直径为 60 ~ 80 cm，四人餐桌的直径在 90 ~ 100 cm 之间，六人餐桌的直径为 110 ~ 130 cm，八人餐桌直径在 130 ~ 150 cm 之间。

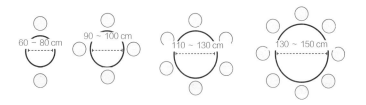

餐厅的空间布局

对于餐厅设计来说，重点要把握好餐桌大小和餐椅四周的空间，然后见缝插针地设计餐边柜即可。根据餐桌的摆放位置，餐厅可以有四种布局：方形餐桌居中、方形餐桌靠墙、圆形餐桌居中和圆形餐桌靠墙。

座椅周围的舒适距离：餐桌到墙面或餐边柜的紧凑型距离为 60 cm，这个距离基本只能用于坐；餐桌到墙面或餐边柜的舒适型距离为 80 cm 左右，以便使用者拉开餐椅后仍有充裕的活动空间；若要保证椅子后方能够正常过人，餐桌到墙面或餐边柜的距离至少需要预留 100 cm。

1. 方形餐桌居中摆放

下图是最常见的餐厅设计——方形餐桌居中摆放，餐边柜建议设计在餐桌的长边，餐桌与餐边柜之间至少预留 100 cm 宽，方便椅子后方正常过人，或使用者拿取餐边柜中的物品。

只有餐桌短边两侧都不靠墙时，餐边柜才会设计在短边，因为餐桌短边与餐边柜之间没有椅子，所以两者之间的距离最小可以做到 80 cm。

特别注意：除非通道侧没有墙，否则餐边柜应尽量摆放在通道一侧，这样餐边柜使用起来才更方便。

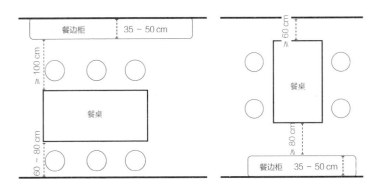

2. 方形餐桌靠墙摆放

如果餐厅空间实在太小，可以采用餐桌单边靠墙的设计，靠墙使用时，为了提高餐桌的利用率，可以采用短边靠墙。如果空间允许，餐边柜可以设计在通道侧，方便操作餐边柜上的电器。

若空间不允许，那么还可以让餐边柜靠墙，把柜子做得薄一些，只放一些随手件。

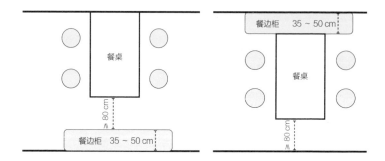

　　想让方形餐桌的长边靠墙一侧也不是不行，一般需要借助卡座来实现，但不是很建议这种做法。卡座看起来储物能力很强，但无论是乘坐体验还是"颜值"都不如普通餐椅，而且卡座的定制成本可能比餐椅还要高。

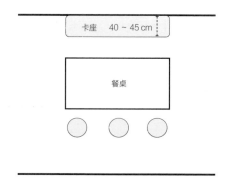

3. 圆形餐桌设计

　　圆形餐桌同样有靠墙和不靠墙两种设计方式，不靠墙设计是指在餐桌四周留出足够的空间。注意餐边柜不要放在通道侧，因为圆形餐桌弧形边的特性，所以即使餐边柜不放在通道侧也不影响正常使用，而且这样更节省空间。在通道侧，餐桌到墙面的距离应不小于 100 cm，以便于行走。

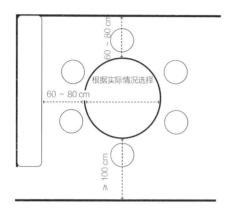

靠墙设计则是通过卡座来实现的，卡座后侧距离餐桌 60 cm 宽即可，因为卡座是无法移动的，宁可让人坐进卡座时稍微麻烦点，也不要人坐进去后够不着菜。

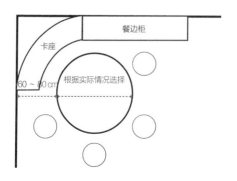

餐边柜设计的相关尺寸

1. 餐边柜的尺寸

餐边柜的深度通常为 40 cm，紧凑型的餐边柜可以做到 30 ~ 35 cm。除非安装了嵌入式电器，柜体深度需要做到 60 cm，正常的餐边柜没必要做得太深，否则会造成空间浪费，拿取东西也十分不便。此外，餐边柜最好可以做到顶。

中间开放格子的高度为 45 cm 左右，这个高度可以放下水壶、电饭煲、咖啡机、即热式饮水机等常见小电器。开放格子的台面高度为 85 ~ 90 cm，这个高度是基础的置物高度，拿取和操作电器都比较方便。

2. 收纳设计

餐边柜底部可以搭配使用层板和抽屉，因为柜体的深度在 40 cm 左右，即使配置了层板，拿取物品也很方便。

上部柜子内部可采用正常的层板设计，没必要做下拉篮，原因是下拉篮成本太高。预算充足的话可以在储物高柜中安装"大怪物"，预算不足的话，也可以不考虑。

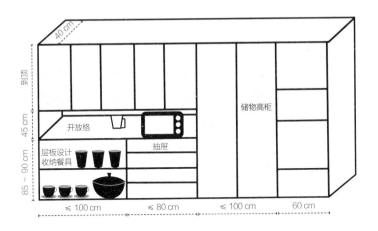

总结

　　餐厅设计最重要的就是搞清餐桌和餐边柜的相关尺寸。常用方形餐桌的长度为 140 cm、180 cm 和 220 cm，分别对应四人、六人和八人使用，小户型餐厅建议使用 2 ~ 4 人的方形餐桌。餐椅后方如果不走人，餐桌到墙面或餐边柜的距离预留 60 ~ 80 cm 即可；椅子后方若处在动线上，则餐桌与墙面至少有一侧的距离应预留 100 cm 以上，以便餐椅后方正常过人。

　　餐边柜的常规深度为 40 cm，紧凑型餐边柜也可以做到 30 ~ 35 cm 深。注意餐边柜不要距离餐桌太远，有时候餐桌空间不够用往往不是其长度太短，而是因为附近缺少餐边柜，导致杂物太多。

卧室（主卧）的功能

相对于公共空间，卧室属于比较私密的区域，最主要的家具是床和衣柜，所有的布局都要以床为中心来设计，因此需要先确定床的位置和尺寸，再配置衣柜、床头柜、梳妆台等，且要留出适当的行走空间。

除了基本的家具陈设以外，衣物、被褥、包包等杂物的收纳也是卧室的一个重要功能。卧室面积足够大时，可以设置独立的衣帽间，但对于大多数家庭来说，衣柜是最常见，也是性价比更高的选择，因此本节就和大家来聊聊卧室（主卧）的空间布局以及衣柜设计的相关尺寸。

床的相关尺寸

一般来说，单人床的宽度为 90 ~ 140 cm，紧凑型双人床的宽度为 150cm，宽松型双人床的宽度为 180 ~ 200 cm。不必纠结床的长度，因为家具生产商会为宽度匹配合适的长度。

卧室（主卧）的空间布局

1. 搭配基础衣柜布局

一张双人床搭配基础的衣柜是最常见的卧室布局，如果空间富余，还可以在床头一侧设计一张梳妆台或小书桌。

通常，床边距离窗帘的宽度是 60 ~ 90 cm，如果空间实在太紧张，这个距离可以缩小到 30 cm，甚至将床靠墙摆放。床尾预留 80 ~ 120 cm 宽的过道，如果空间有限，至少要留出 60 cm 宽的单人过道。床和衣柜之间的距离也是 80 ~ 120 cm，方便打开平开衣柜门拿取衣物。（备注：不要把衣柜和门设计在一面墙上，为了定制整墙衣柜，建议把门开在中间）

如果需要设计梳妆台，梳妆台的宽度在 60 ~ 90 cm，深度 50 cm 以上即可，加上椅子周围的活动空间，总共预留 150 cm 长就足够了。

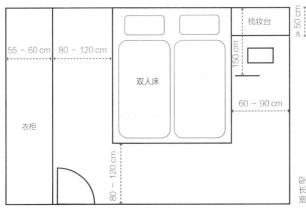

卧室最小尺寸
长：55+80+150=285（cm）
宽：200+80=280（cm）

2. 搭配转角衣柜布局

如果卧室比较宽，可以考虑定制 L 形转角衣柜，对于面积紧凑的卧室来说，L 形转角衣柜比衣帽间的性价比更高。因为可以共用走道，在卧室面积相等的情况下，空间会更显开阔，并且能拥有更大的储物空间。

梳妆台也可以从床头调至床尾，舒适宽度是 60 ~ 90 cm，床尾的过道空间正常预留 80 ~ 120 cm，床边离墙 30 ~ 80 cm 宽，空间过于紧张的话，床也可以直接靠墙摆放。

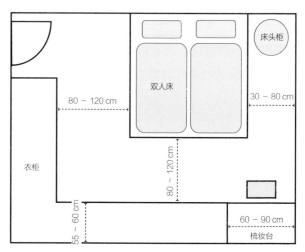

卧室最小尺寸
长：55+80+150=285（cm）
宽：200+80+55=335（cm）

3. 常规衣帽间布局

在主卧空间允许的情况下，设计一个小衣帽间绝对是一个不错的选择。最常见的设计方案就是利用卧室的一面墙和 L 形衣柜来构建出一个小衣帽间。

衣柜的正常深度为 55 ～ 60 cm，不同于常规的 L 形衣柜，小衣帽间既多出了一个走道空间（80 ～ 100 cm 宽），又使卧室的功能分区更明确。这种布局的最小尺寸：长 345 cm，宽 280 cm。

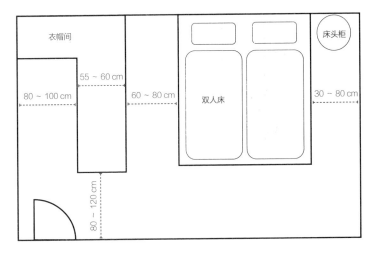

卧室最小尺寸
长：80+55+60+150=345（cm）
宽：200+80=280（cm）

如果卧室的长度足够长（大于或等于 380 cm），那么最好把衣帽间设计成 U 形，一边做正常深度的衣柜（55～60 cm 深），另一边可以定制最小进深为 35 cm 的薄柜，用来收纳鞋子、包包、配饰或者正挂衣物。这种布局的最小尺寸：长 380 cm，宽 280 cm。

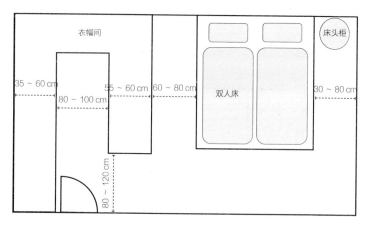

卧室最小尺寸
长：35+80+55+60+150=380（cm）
宽：200+80=280（cm）

4. 美观型衣帽间布局

如果你的衣物不太多，且卧室的长度也有限，还可以设计成下图的半开放式衣帽间。相比于常规衣帽间来说，这种衣帽间的隐私性稍弱，但可以让卧室的整体感更强。至于衣帽间的门，既可以使用玻璃推拉门来做分隔，也可以直接使用薄纱帘，两者都不会占用太多空间。

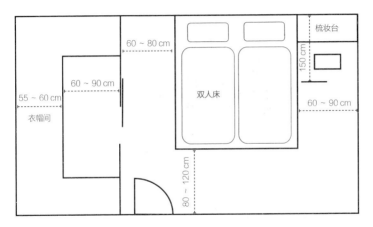

卧室最小尺寸
长：55+60+60+150=325（cm）
宽：200+80=280（cm）

5. 床后或床前衣帽间布局

这种衣帽间布局适合宽度大于长度的卧室，把衣帽间设计在床头（上图）或者床尾（下图）都可以，利用衣帽间把卧室的格局调整为长度大于宽度的常规卧室尺寸。这种布局的优点是隐私性好，而且通过重新分隔空间，使得原本比例别扭的卧室显得更加规整。如下图所示，卧室的面宽得接近 400 cm。

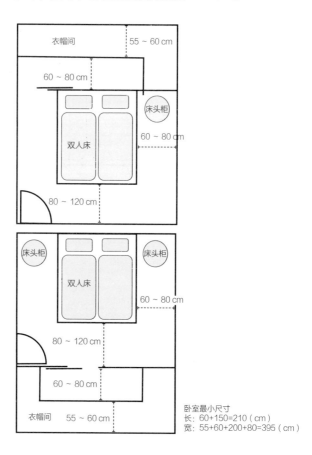

卧室最小尺寸
长: 60+150=210（cm）
宽: 55+60+200+80=395（cm）

如果卧室的长度足够，还可以把衣帽间细分为男主人衣帽间和女主人衣帽间，女主人衣帽间可以做得稍大一些，具体设计可参考后文的七大衣柜收纳模块，直接套用即可。这种布局的最小长度为 310 cm，最小宽度为 395 cm。

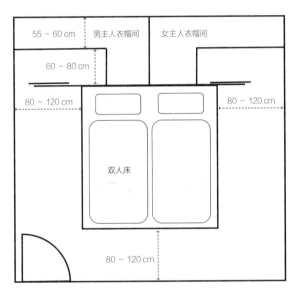

卧室最小尺寸
长：80+150+80=310（cm）
宽：55+60+200+80=395（cm）

衣柜的收纳设计

衣柜的常见深度为 60 cm，去除柜门和柜体的层板厚度，衣柜的净深度基本能达到 55 cm。如果衣柜的深度小于 50 cm，就只能正挂或叠放衣物。如果衣柜仅用来放置鞋子、包包或各种配饰，那么 35 cm 深的薄衣柜也能满足基本的使用需求。

设计衣柜前首先要明确你的衣柜主要用来收纳什么物品，例如想要收纳大衣、夹克、西服、衬衣，还是被子、包包、鞋子等。下面简单罗列了衣柜中经常收纳的物品，及其对应的收纳方式和收纳位置等。在明确了自己衣柜的收纳需求后，就可以合理规划出属于自己的衣橱空间。

物品	收纳方式	收纳位置	收纳原则
大衣、长裙	挂	衣杆	方便拿取
西服、夹克、衬衣	挂	衣杆	保持平整
T恤、毛衣	挂、叠	衣杆、抽屉、网篮	保持平整、透气
短裤	叠	抽屉、网篮	更省空间
长裤	挂	裤架、网篮	不易出褶子
内裤、袜子	叠	抽屉格子	方便拿取
秋衣、秋裤、保暖衣	叠	抽屉、网篮	不易出褶子
配饰	放	抽拉层板	整齐美观
围巾、手套、毛巾	叠	抽屉、开放格子	方便寻找
床单、被罩	叠	开放格子	不常用，放衣柜顶部

此外，还有几个基本尺寸在定制衣柜前也要考虑进去。

短衣区的高度：90 ~ 100 cm，挂衣杆的安装高度在200 cm 以下。

长衣区的高度：140 ~ 160 cm，挂衣杆的安装高度在200 cm 以下。

挂裤区的高度：60 ~ 80 cm，裤架的安装高度在 100 cm 以下。

抽屉的高度：15 ~ 20 cm，安装高度在 100 cm 以下。

拉篮的高度：20 ~ 30 cm，安装高度在 100 cm 以下。

抽拉层板的高度：10 ~ 20 cm，安装高度在 100 cm 以下。

如果你还是觉得设计衣柜太麻烦，下面总结了实用性较强的七大衣柜收纳模块，大家可以根据自己的实际需求自由组合使用。

1. 七大衣柜收纳模块

（1）挂衣模块和挂衣 + 抽屉模块：如果你平时工作忙碌，没时间做家务，最简单的方法就是把所有衣物直接挂起来，设计上下各 100 cm 高的挂衣区（只要不是太长的衣物基本都可以挂下）。衣柜的宽度最好在 50 ~ 100 cm 之间，不要超过 100 cm 宽，否则衣杆承重过大。挂衣模块简称"模块 1"。

但如果你是一个收纳达人，而且衣物比较多，则可以把模块 1 下部的挂衣区更换为 4 个抽屉（网篮），用来收纳秋衣、秋裤、贴身内衣裤、袜子等，每个抽屉的高度在 20 cm 左右。挂衣 + 抽屉模块简称"模块 2"。

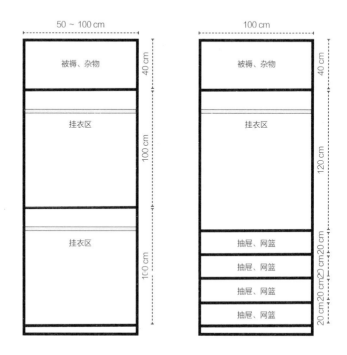

（2）综合模块和长衣模块：当你的卧室面积比较紧凑，但是又想拥有一个多功能衣柜时，综合模块是一个不错的选择。挂衣区和抽屉的布置原理同上，裤架上用来收纳各种怕出褶子的长裤，抽拉层板内可以放置胸针、耳环、戒指等配饰。综合模块简称"模块 3"。

长衣模块则可以悬挂各种外套、长裙等较长的衣物，此处预留 160 cm 高的空间就足够。长衣模块简称"模块 4"。

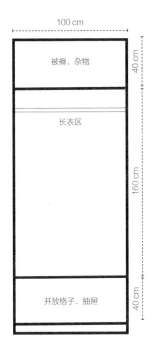

（3）杂物模块、配饰模块和鞋柜模块：通常不建议衣柜中使用开放格子，但是现在一般家庭中很少有杂物间，因此一些杂物也会收纳在衣柜中，这个时候杂物模块就必不可少了。底部行李箱收纳格的高度为75 cm，可以放下2个20～26寸的行李箱（26寸行李箱的深度一般不超过30 cm），上部的开放储物格可以放其他杂物。杂物模块简称"模块5"。

衣柜较大时，可以增加配饰模块，主要是用来放置包包、帽子、围巾以及领带等配饰。配饰模块简称"模块6"。

虽说鞋子一般都放在玄关，但如果家里鞋子太多或者有个大衣帽间，也可以在衣柜中设计一个鞋柜模块，用于存放换季的鞋子，鞋架的高度通常在 20 cm。鞋柜模块简称"模块 7"。

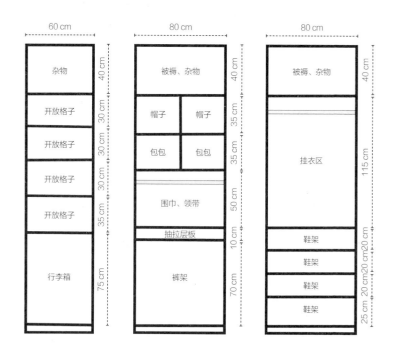

以上 7 个衣柜收纳模块主要是参考作用，如果柜子的宽度为 160 cm 或者 240 cm 等非正整尺寸，也是可以参考这些模块的，然后根据实际情况再调整。

2. 衣柜收纳方案

（1）基础型衣柜收纳方案：主卧衣柜常见的长度约为
300 cm，可以直接套用模块 1、模块 2 和模块 4，组成下图的基
础型衣柜方案。这个衣柜足足有 300 cm 长的常规挂衣区，还有
1 个 100 cm 长的长衣区和 4 个 100 cm 长的大抽屉，绝对能满
足普通家庭的日常收纳需求。

模块 1	模块 2	模块 4
被褥、杂物	被褥、杂物	被褥、杂物
挂衣区 100 cm	挂衣区 100 cm	长衣区 100 cm
挂衣区	抽屉、网篮	开放格子、抽屉
	抽屉、网篮	
	抽屉、网篮	
	抽屉、网篮	

如果你的西服、西裤以及配饰较多，也可以把模块 1 更换为模块 3，虽然少了一个 100 cm 长的挂衣区，但是增加了 1 个 50 cm 长的挂裤区，以及 4 个 50 cm 长的小抽屉和 1 个 50 cm 长的抽拉层板，收纳力也不容小觑。

模块 3		模块 2	模块 4
被褥、杂物		被褥、杂物	被褥、杂物
挂衣区 100 cm		挂衣区 100 cm	长衣区 100 cm
抽屉	抽拉层板	抽屉、网篮	
抽屉		抽屉、网篮	
抽屉	裤架	抽屉、网篮	开放格子、抽屉
抽屉		抽屉、网篮	

（2）宽松型衣柜收纳方案：如果你的卧室面积较大，适合定制下图这种宽松型衣柜，除了三个基础收纳区外，还可以根据自己的实际需求增加配饰区、杂物区或者鞋柜区。设计时应注意尽量把常用的区域设计在中间，把不常用的区域设计在两侧。

模块 1	模块 2	模块 4	模块 6		模块 5
被褥、杂物	被褥、杂物	被褥、杂物	被褥、杂物		杂物
挂衣区 100 cm	挂衣区 100 cm	长衣区 100 cm	帽子	帽子	开放格子
			包包	包包	开放格子
					开放格子
			围巾、领带		开放格子
挂衣区	抽屉、网篮		抽拉层板		
	抽屉、网篮		80 cm		60 cm
	抽屉、网篮	开放格 / 抽屉	裤架		行李箱
	抽屉、网篮				

3. 衣帽间设计

（1）面宽型衣帽间设计：不仅衣柜可以套用上面的七大模块，衣帽间设计同样也可以借鉴。面宽型衣帽间设计遵循挂衣区设计在正面，配饰区和杂物区设计在侧面的原则，这样寻找衣物时最为便利。特别提醒：各模块的宽度可根据衣帽间的实际情况灵活调整。

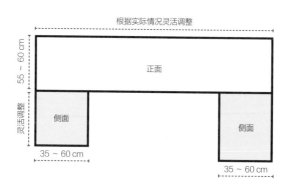

模块 5	模块 1	模块 2	模块 4	模块 6	
杂物	被褥、杂物	被褥、杂物	被褥、杂物	被褥、杂物	
开放格	挂衣区	挂衣区	长衣区	帽子	帽子
开放格				包包	包包
开放格				围巾、领带	
开放格				抽拉层板	
行李箱	挂衣区	抽屉、网篮		裤架	
		抽屉、网篮			
		抽屉、网篮	开放格子、抽屉		
		抽屉、网篮			
侧面	正面			侧面	

根据实际情况灵活调整

55 ~ 60 cm 灵活调整

正面

侧面

侧面

35 ~ 60 cm

35 ~ 60 cm

（2）U形衣帽间设计：
U形衣帽间应在进门正对面设计配饰模块，这样走入衣帽间时视觉效果会更好，两侧设计挂衣区和杂物区。如果U形衣帽间的空间较窄，可以在一侧设计正常深度（55～60 cm）的衣柜，而在另一侧设计薄柜（深度为35～60 cm），用来收纳杂物及配饰。

或者在进门正对面设计梳妆台，两侧分别布置为挂衣区、配饰区和杂物区，充分利用U形衣帽间的过道空间。需要注意的是梳妆台上边最好是窗户。如果没有窗户可以设计几排置物架，注意置物架一定不能做得太深，否则抬头就是置物层板，日常使用起来会非常压抑。

模块 5（侧面）：杂物；开放格子；开放格子；开放格子；开放格子；行李箱

模块 6（侧面）：被褥、杂物；帽子；包包；围巾、领带；抽拉层板；裤架

模块 7（侧面）：被褥、杂物；挂衣区；鞋架；鞋架；鞋架；鞋架

（正面）：置物架；置物架；梳妆台

模块 1（侧面）：被褥、杂物；挂衣区；挂衣区

模块 2（侧面）：被褥、杂物；挂衣区；抽屉、网篮；抽屉、网篮；抽屉、网篮；抽屉、网篮

模块 4（侧面）：被褥、杂物；长衣区；开放格子、抽屉

总结

　　卧室（主卧）设计首先要明确床的宽度，紧凑型双人床的宽度为 150 cm，宽松型双人床的宽度为 180 cm 或 200 cm。其次应确定衣柜摆放的位置和相关尺寸，可以通过移动门的位置来为衣柜扩容。衣柜的常规深度为 55～60 cm，窄柜最小深度可以做到 35 cm。

　　最后根据自己的实际需求来进行衣柜模块的自由组合，建议尽量多设计挂衣杆和抽屉，少设计置物层板。在衣柜空间的布局上，短衣区的高度预留 90～100 cm，长衣区预留 140～160 cm 高，挂裤区的预留高度为 60～80 cm，抽屉的高度在 15～20 cm 之间。

1.7

儿童房的常见布局和设计的相关尺寸

儿童房的功能需求

儿童房的设计思路和上一节的卧室（主卧）设计有较大的差别。主卧需要更大的空间用来收纳衣物、被褥和其他杂物，除了床，最主要的就是衣柜或衣帽间的空间设计。基于儿童的成长特性，儿童房设计则需要预留更大的活动区域，以及布置适合孩子学习的空间。通常儿童房设计时可以让床靠一侧墙，从而让出更大的空间用于玩耍与学习。

0 ~ 5 岁儿童房的设计

根据我国的国情，0 ~ 5 岁的孩子一般都还没有和父母（或祖父母、外祖父母等）分房睡，因此儿童房更多是作为幼儿玩耍的活动房。如果您的房子打算短期居住，或装修初期预算比较紧张，那么在儿童房的水电改造完成之后，暂时不用添置大件家具，直接在地上铺一块地垫即可。

随着孩子年龄的增长，儿童房有两种比较实用的设计方式：一种是榻榻米设计，另一种则是上下床设计。本节就来和大家聊聊这两种空间布局的特点和相关尺寸。

地垫

榻榻米设计

1. 基础型榻榻米设计

儿童房往往都是次卧，面积较小（8 ~ 10 m^2）。如今，比较流行在儿童房定制一款多功能的榻榻米床，不但节省空间、增加储物量，而且整体的制作成本也不会很高。榻榻米床和书桌一般采用靠墙设计，空出两面墙和房间中间的空间，让孩子自由活动。

衣物收纳则可以利用床头的衣柜以及床底的抽屉来实现，而书籍等物品则可以放在书桌上方的小书架上。

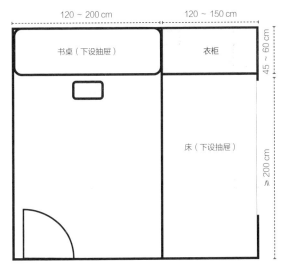

儿童房最小尺寸
长：120+120=240（cm）
宽：200+45=245（cm）

2. 榻榻米 + 衣柜设计

如果房间足够长，可以在儿童房内增加一排衣柜（深度为
55 ~ 60 cm），衣柜不要和门设计在同一面墙上，尽量通过房
门移动来实现衣柜满墙的效果，最大化增加收纳空间。这样原先
床头的衣柜则可以设计成书架或者是收纳柜，进一步提升整个房
间的收纳力。

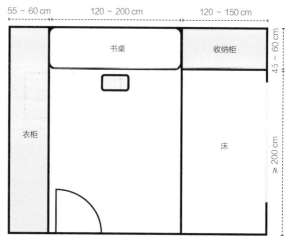

儿童房最小尺寸
长：55+120+120=295（cm）
宽：200+45=245（cm）

3. 收纳柜和书桌的尺寸设计

榻榻米床的通用高度为 30 cm 左右，加上床垫之后基本能达到 45 cm 高，和普通床的高度保持一致。榻榻米床头柜底部设计为侧拉抽屉，高度在 45 cm 左右，用来放置被褥、玩具等。侧拉抽屉往上依次设计开放储物格（高度为 30 cm）、小抽屉（高度为 15 cm）、挂衣区（高度为 105 cm）以及闲置物品放置区（高度为 30 cm）。当然，你也可以根据自己的实际需求来调整。

书桌的高度为 75 cm，如果书桌的整体长度大于 120 cm，则可以在书桌下留出大于或等于 80 cm 长的腿部活动空间，在单侧设计一个实用性极强的抽屉斗柜。

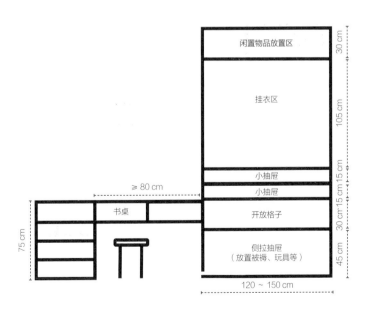

上下床设计

1. 基础型上床下桌设计

最基础的上下床设计是上边布置床，下边可以布置衣柜和书桌，也就是大学宿舍的常见设计，但儿童房中的上下床多采用楼梯柜设计，而非危险的直梯，这样小朋友上床会更安全，楼梯踏步还能作为储物抽屉使用。楼梯的宽度为 40 ~ 80 cm。

儿童房最小尺寸
长：40+200=240（cm）
宽：80+120=200（cm）

2. 舒适型书桌靠窗设计

上一种方案虽然是最节省空间的设计，但是即使在白天，孩子看书时也需要开灯，并且衣柜容量有限，也没有足够的活动空间。下图这个舒适型方案把书桌从床下挪到了窗边，并在床同侧设计了一个迷你衣帽间，用于放置衣服、杂物等。这样床下空间就完全解放了，不但楼梯收纳柜拿取物品更方便，还可以利用床下空间设计一个小书架。

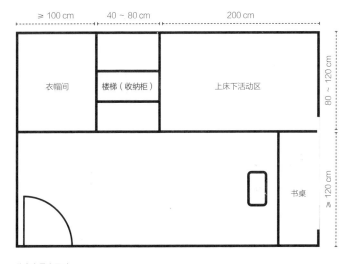

儿童房最小尺寸
长：100+40+200=340（cm）
宽：80+120=200（cm）

3. 紧凑型书桌靠窗设计

如果儿童房长度比较短，可以把楼梯设计在床前，这样楼梯的宽度就不会占用房间的长度，书桌的位置也不必调整。衣帽间和床都可以靠窗，各有各的优势。南向房间采光好，可以让衣帽间靠窗；北向房间采光一般的话，可以让床靠着窗，上一种方案也是一样的设计原理。

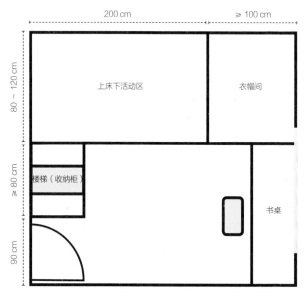

儿童房最小尺寸
长：100+200=300（cm）
宽：80+80+90=250（cm）

4. 开间大于进深的儿童房设计

如果儿童房的开间大于进深，那么书桌放在床前就不合适了，而应设计在与床相对的墙面一侧。书桌那一侧还可以定制一排衣柜，这样即使是方形户型，也能保证有足够的收纳和活动空间。

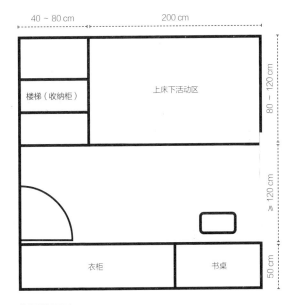

儿童房最小尺寸
长：40+200=240（cm）
宽：50+120+80=250（cm）

5. 自由发挥型

介绍上边几种空间布局主要是想让大家对儿童房基础的尺寸和设计原则有基本的认识——儿童房空间规划的核心是在室内留足活动空间，省去多余的过道。只要掌握了这个原则，儿童房设计自由发挥的余地就很大。

例如下图这个布局，把床设计在进门处的上方（头顶），虽然靠里侧，但因正对着窗户，不用担心采光问题。在床侧依次设计了软梯、滑梯以及楼梯，满足孩子的娱乐需求。进门左侧墙面设计衣柜或书架（书架的深度可以做到 40 cm），书架对面空白墙面可以设计为攀岩墙或黑板墙。窗户旁设计长书桌，如果空间富余，还可以再增加一个展示架。这个房间的功能看上去很复杂，但面积只有 9.6 m^2，却能拥有接近一半的活动空间。

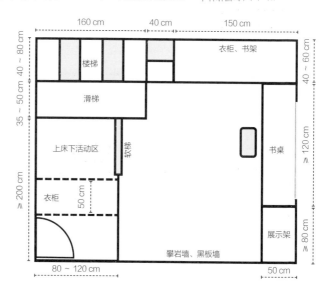

儿童房最小尺寸
长: 160+40+150=350（cm）
宽: 200+35+40=275（cm）

6. 上下床的立面高度

上下床的设计还有一个关键尺寸——二层床的高度。通常房屋的层高为 250 ~ 300 cm，二层床的高度在 130 ~ 160 cm 之间，以确保距屋顶有 120 ~ 140 cm。上下层的功能灵活，既可以上下都设计成床，也可以把下层作为床，把上层设计为类似树屋的娱乐空间。

楼梯踏步的高度为 30 cm，一般设计三级踏步即可。不同于其他楼梯踏步，儿童房的楼梯使用频率较低，而且是可以爬上去的，因此单层高度可以高一些。滑梯部分，为了保证孩子的安全，滑梯的坡度尽量不要大于 45°，下面可以设计储物格，既增加收纳空间，又能起到支撑作用。

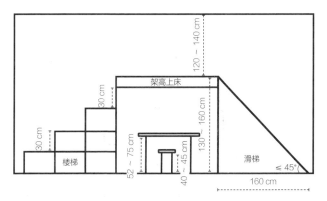

总结

儿童房设计的核心是腾出中间的空间，留出更多活动区域。此外，儿童房与主卧、次卧最大的不同是床的尺寸，榻榻米落地床的宽度为 120 ~ 150 cm；上下床的宽度为 80 ~ 120 cm，二层床的高度为 130 ~ 160 cm。

1.8

书
房
的
常
见
布
局
和
书
柜
设
计
的
相
关
尺
寸

书房的功能

书房是用于学习、阅读和工作的房间。大家对书房的固有印象可能是下图这种经典布局: 一张书桌＋一个单椅＋一排大书架。的确, 作为传统书房来说, 下图的布局绝对是占大多数的。但是鉴于目前的高房价, 不少家庭拿不出一个房间来作为单独的书房。书桌往往是放在其他房间的角落, 比如主卧、客厅或阳台一角。

本节将结合实际情况, 和大家聊聊如何在面积较为紧张的情况下打造出一间适合自己的书房（其实叫作工作间更合适）。

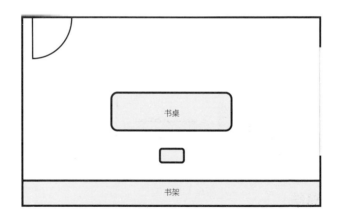

书房常见的布局方式

1. 客卧 + 书房

书房最常见的布局方式是和客卧设计在一起，平时作为书房来使用，偶尔来客人，也能作为卧房。鉴于书桌更偏向于办公桌，在此使用电脑的概率较高，因此不推荐靠窗设计，而是设计在床对面的长墙一侧。这种布局的最小尺寸：长 260 cm，宽 300 cm。

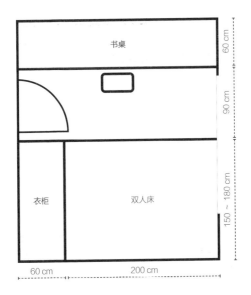

卧室最小尺寸
长: 200+60=260（cm）
宽: 60+90+150=300（cm）

如果你平时有在窗前看书的习惯，则可以设计一个L形转角书桌，在这个狭小的空间中实现两人共用书桌。这种布局的最小尺寸：长 260 cm，宽 300 cm。

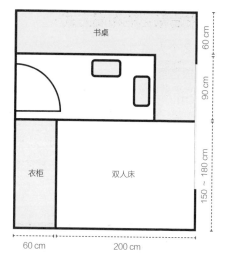

卧室最小尺寸
长：200+60=260（cm）
宽：150+90+60=300（cm）

如果你的衣物比较多，对衣柜的收纳有较高的要求，那么也可以把衣柜设计在长边，把书桌布置在短边。这种布局的最小尺寸：长 270 cm，宽 255 cm。

卧室最小尺寸
长：120+150=270（cm）
宽：200+55=255（cm）

如果客卧空间够大（面积在 11 m^2 以上），可以定制一张满足 2 个人同时办公的长条形书桌，转角处可作为活动区，用来放各类健身器材。这种布局的最小尺寸：长 375 cm，宽 300 cm。

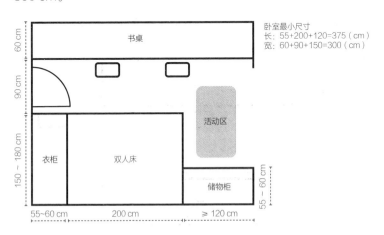

卧室最小尺寸
长：55+200+120=375（cm）
宽：60+90+150=300（cm）

如果书桌平常为一人使用，但家中的储物空间不足，那么还可以采用右图的布局，把衣柜设计到长边墙的一侧，把书桌设计在衣柜对面。这种布局的最小尺寸：长 270 cm，宽 345 cm。

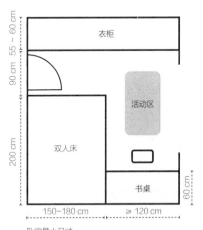

卧室最小尺寸
长：150+120=270（cm）
宽：55+90+200=345（cm）

2. 储物间 + 书房

如果你家里没有客卧，只有一个小储物间或衣帽间，也可以把书房和衣柜设计到一起。储物间一般都是长条形的，可以一边设计书桌，另一边设计衣柜、储物柜。虽然整个空间略显局促，但也算拥有独立的工作间了。这种布局的最小宽度是 205 cm。

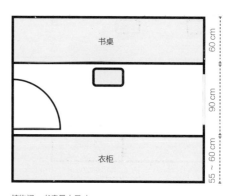

储物间 + 书房最小尺寸
长：（略）
宽：55+90+60=205（cm）

3. 客厅 + 书房

如果家中实在没有多余的房间，也可以把书桌设置在客厅。现在比较流行的做法是把书桌摆放在沙发后侧，这样既能保证公共空间的通透性，还能随时照看孩子。缺点是公共空间的私密性差，白天人多的时候看书或工作容易受干扰。这种布局客厅的最小面宽是 450 cm。

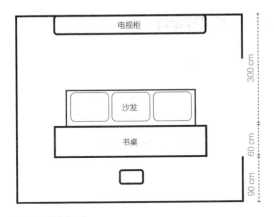

客厅 + 书房最小尺寸
长：（略）
宽：300+60+90=450（cm）

　　如果你想要一个较为安静的工作空间，也可以借助半墙隔断在客厅规划出一个小书房，位置既可以在电视柜后，也可以在沙发后侧，具体需要可以根据自家的实际情况来调整。这种布局虽然保证了书房的私密性，但会影响公共空间的通透性。

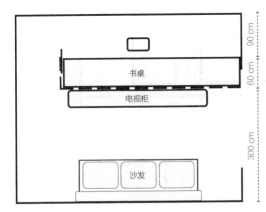

客厅 + 书房最小尺寸
长：（略）
宽：90+60+300=450（cm）

工作区的尺寸设计

1. 单人工作区的尺寸

如果你的书桌上需要摆放台式电脑，就需要明确工作区的相关尺寸设计。下图是单人工作桌的设计方案，关键尺寸是吊柜到桌面的距离，舒适距离在 80 cm 左右，这个尺寸完全可以放下常规的电脑。单人工作区的舒适宽度在 120 cm。

工作区的柜体收纳设计：由底部的抽屉柜、桌下抽屉、桌面开放格子、上部开放格子以及储物柜五部分组成，完全可以满足日常使用需求。吊柜的深度为 40 cm，工作台的深度最好大于或等于 60 cm。

2. 双人工作区的尺寸

双人工作区设计的关键在于取消桌面上的收纳格子，从而空出更多的桌面空间，以便双人使用。双人工作台的长度最少需要200 cm。

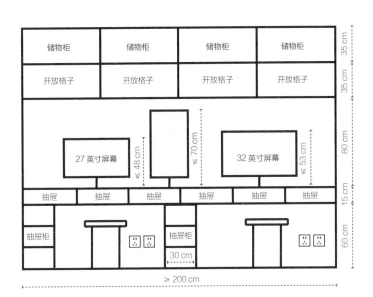

书柜的尺寸设计

1. 书籍的常见尺寸

想要把书柜设计好，首先要了解常见图书、杂志等的基本尺寸。16 开和 32 开是我们常见的书籍的尺寸，其中 16 开图书的高度和宽度都要小于 30 cm。

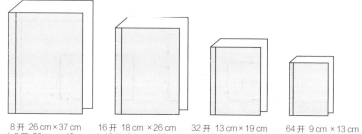

8 开 26 cm×37 cm   16 开 18 cm×26 cm   32 开 13 cm×19 cm   64 开 9 cm×13 cm

大 8 开 28 cm×42 cm   大 16 开 21 cm×29 cm   大 32 开 14 cm×22 cm   大 64 开 11 cm×14 cm

2. 基础型书架

以常用书籍（16 开、32 开）、杂志等的尺寸为参考，家用书柜的深度一般在 30 ~ 35 cm 之间，推荐 30 cm，深度达到 35 cm 时，书的前方可以摆放部分装饰品。书架的层板高度在 30 cm 左右，这个高度能放下大部分书籍。单格宽度尽量控制在 60 cm 以内（定制柜都是板材拼接起来的，单格跨度太大，板材易被重物压弯），即使摆放的是很轻的书，单格宽度也不要超过 100 cm。书柜的整体高度建议直接做到顶，不留卫生死角。

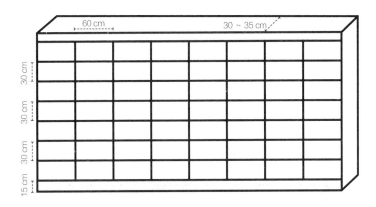

　　如果实在没有独立的空间用于书柜，但家里又有很多藏书，可以把书柜设计在沙发后边。不用太担心坐在沙发上会感觉压抑，因为书架通常比较浅（30 ~ 35 cm 深），不影响沙发的正常使用。

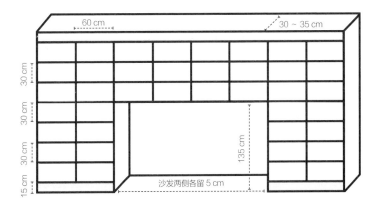

3. 半隐藏式书架

上边两个设计方案是书架全开放式设计，均要求有足够多的书籍，才能让书架显得美观大气。

如果你家里的藏书比较少，可以在书架上下设计不透明的柜门，内部用来储物，只是留下中间部分摆放书籍，有虚有实，虚实相生，让书柜自成一景。

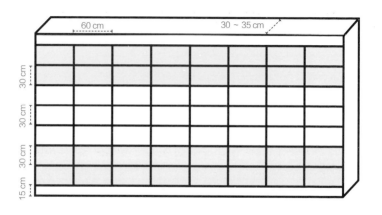

除了上下设计不透明的柜门外，还有右页上图这样间隔设计的不透明柜门，会让书架整体看起来很整齐。不透明柜门还可以搭配移门使用，把电视机隐藏在门后，瞬间切换书架和电视背景墙模式，空间会显得很高级。

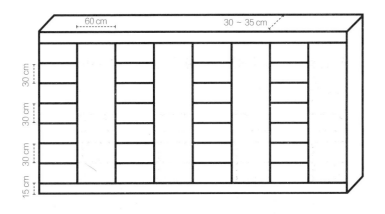

4. 异型书架

除了整齐排列的常规书架外，近些年错位设计的异型书架也深受年轻人的喜欢，但是除非审美非常在行，否则真正入住后，这种书架会越用越乱（异型书架的尺寸需要参考居室的风格，具体由设计师来确定）。

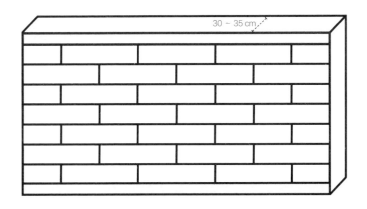

此外，还有这样大小格子尺寸不一的书架，这种书架的大格子内部主要用来摆放饰品，同样是搭配好了，能够凸显空间的层次感，搭配不好是"灾难"。因此建议装修新手选择基础款的书柜，简约又不容易出错。

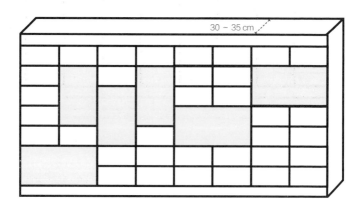

书柜＋储物柜设计

鉴于当下小户型空间的珍贵性，很多情况下书房也要兼具储物间的功能，这里展示一款比较通用的"书柜＋储物柜设计"。

柜体底部设计高度为 20 cm、宽度为 80 ～ 100 cm 的抽屉，或者 40 cm 高、80 m 高的大储物格，中间设计 25 cm 高或 35 cm 高的小储物格，最上部的储物柜统一设计为 40 cm 高。柜体不必设计得太深，进深 40 cm 足以满足大多数物品的储存需求，过深的书柜反而会使拿取书籍变得困难。

顶部储物格

30 ~ 40 cm

40 cm

小储物格

25 cm

小储物格

35 cm

活动层板

抽屉

抽屉

大储物格

大储物格

40 cm

20 cm

80 cm

80 ~ 100 cm

总结

书房设计的要点是明确书桌和书柜的相关尺寸。书桌的深度一般要大于 60 cm；如果书桌上需要摆放置台式电脑，那么吊柜到桌面的距离需要有 80 cm。

以常用书籍（16 开、32 开）、杂志等的尺寸为参考，书架单层的高度为 30 cm，深度可以设计为 30 ~ 35 cm。为了确保书柜的美观和实用性，建议给书柜加上柜门，开放式收纳格搭配隐藏式柜门收纳，会为家居氛围加分不少。

卫
生
间
的
常
见
布
局
和
浴
室
柜
设
计
的
相
关
尺
寸

卫生间的功能

洗漱区、坐便器区和淋浴区是卫生间的三大功能区，卫生间的面积再小也要配备这三个基础功能区。洗漱区的主要家具是浴室柜，除了满足日常洗漱、梳妆需求外，浴室柜还要兼具洗漱用品的贮藏功能。坐便器区需要重点考虑坐便器周围空间的动线距离。淋浴区所需的尺寸较小，小户型空间建议选用淋浴花洒代替浴缸。

除了以上三个基础功能区外，卫生间的面积如果足够大，还可以增加三个附加功能区——洗衣区、浴缸区和更衣区。这三者不是卫生间的必备功能区，但是在有额外空间的情况下，可以提高卫生间使用的舒适度。

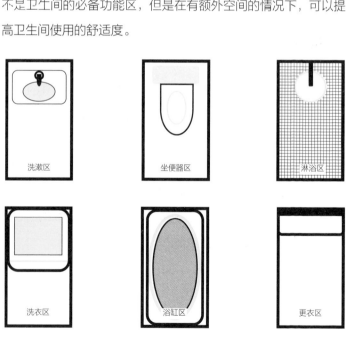

卫生间模块尺寸图

1. 洗漱区

镜柜上端的距地高度在 185 ~ 200 cm 之间，单盆的宽度在 60 ~ 120 cm 之间，台盆的高度为 80 ~ 85 cm。

冷热水管离地面 45 cm 高，两者相距 10 cm 以上即可；墙排下水管 40 cm 高。

如果安装双盆的话，宽度为 120 ~ 170 cm，台盆前方应留出供一人通行的过道，过道至少需要 70 cm 宽。

洗漱区占用的宽度至少为 60 cm，深度至少为 120 cm。

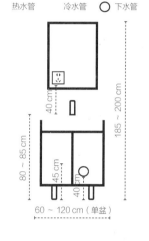

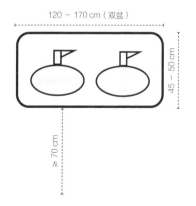

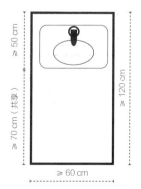

2. 坐便器区

坐便器的面宽尺寸在 35 ~ 45 cm 之间，深度为 75 cm 左右，高度为 85 ~ 115 cm。坐便器两侧需要各预留 20 cm 左右的空间，这样使用者起身时才不会觉得拥挤，也方便拿取厕纸。

坐便器前方至少需要留出 45 cm 的回旋空间，方便使用者放腿和正常走动。坐便器孔距（坐便器下水管中心距离墙体的距离）一般有 30.5 cm、35 cm 和 40 cm 三种，不建议买多孔距通用坐便器。

坐便器区占用的宽度至少为 75 cm，深度至少为 120 cm。

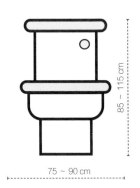

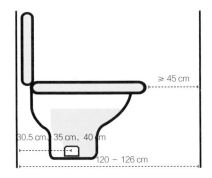

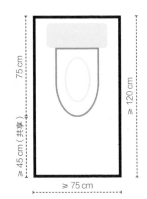

3. 淋浴区

淋浴区通常为一人进入的方形空间，一般人的肩宽为 52 cm，考虑到洗浴时手臂会伸展，可能还会有弯腰、下蹲的情况，前后深度应一并考虑进去，因此淋浴间最小尺寸为 80 cm×100 cm，舒适的尺寸可以做到 90 cm×100 cm。

花洒安装的舒适高度为 90 ~ 100 cm，冷热水管相距 15 cm，左热右冷。顶喷的最佳高度为 190 ~ 200 cm，最高不要超过 230 cm。

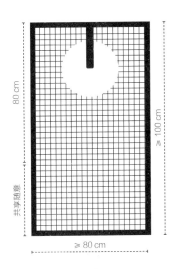

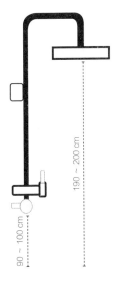

4. 洗衣区

家用滚筒式洗衣机和烘干机的尺寸基本一致，宽 60 cm、高 85 cm、深 60 ~ 65 cm，可以叠放或并排放置，叠放更节省空间。

插座的预留高度为 130 cm，进水口略低于插座即可。

机器前方至少预留 80 cm 宽的共享空间，方便使用者蹲下或弯腰拿取衣服。洗衣区占用的宽度至少为 60 cm，深度应不小于 140 cm。

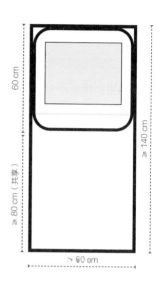

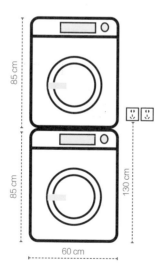

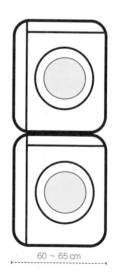

5. 浴缸区

国内常见的浴缸宽度为 70 ~ 80 cm，长度一般在 120 ~ 180 cm 之间，高 60 cm 左右。也有单人浴缸，基本以日式为主，特点是占地小，但浴缸会更深。

如果要配置浴缸，需要考虑卫生间的长度是否合适。浴缸区的宽度至少为 70 cm，长度应不小于 120 cm。

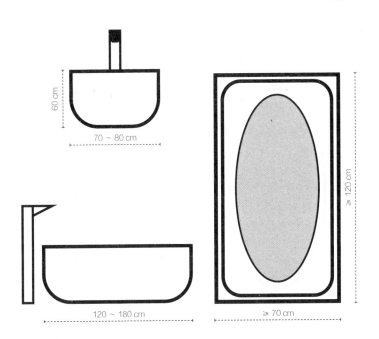

6. 更衣区

更衣区外延距墙面的距离可以设计为 80 cm，以便有挂衣物和足够的活动空间。如果设置座位区，座椅的高度可以设计为 40 cm，进深 30 cm，方便使用者坐着更衣。

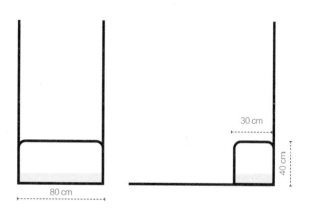

为了保证穿衣方便，凳子前方至少预留 80 cm 宽的空间，此空间可以和其他功能区共用。

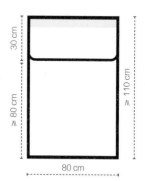

卫生间的常见布局尺寸

上面是卫生间六个功能区的常用尺寸，在设计卫生间时，我们可以根据实际户型尺寸和居住需求，对这六个模块进行随意组合。卫生间宽度一般不会小于 140 cm，因此最小宽度统一按照 140 cm 进行标注。

1. 基础三分离卫生间

下图是近几年非常流行的基础三分离式设计，洗漱区位于中间，坐便器和淋浴间分别位于两侧，从而实现基础的三分离。这种布局的最小尺寸为：长 235 cm，宽 140 cm。（注意：卫生间门的最小宽度为 80 cm，所以即使单盆的宽度可以做到 60 cm，也必须预留 80 cm 宽）

这个尺寸一般家庭都可以满足，但对于不同户型，开门位置可能需要略做调整。

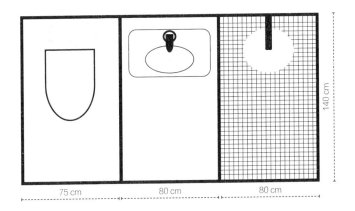

2. 紧凑两分离卫生间

如果卫生间面积十分紧张，那么可以仅对淋浴间进行单独分离，坐便器区和洗漱区共用一部分空间。同理，因受限于门的宽度，所以坐便器区最少预留80 cm宽，在宽度140 cm不变的情况下，长度节省了将近25 cm。

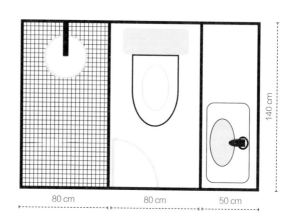

3. 酒店紧凑式卫生间

如果是公寓或紧凑的小户型，那么只能压缩淋浴间的空间，采用酒店卫生间的布局方式。这样在宽度140 cm不变的情况下，长度仅需要155 cm，和第一种设计相比，节省了约35%。

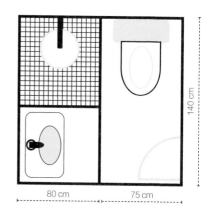

卫生间六大模块尺寸示意

以上是卫生间基础的空间布局，功能区为淋浴区、坐便器区和洗漱区，下面看一下加入三个附加功能区，一字排开后会占用多少空间。如下图，可以看到按照常规尺寸设计，这六个模块一字排开后长度达到了 445 cm。当然，在现实生活中肯定没有长宽比如此夸张的卫生间，接下来我们看看如何通过合理组合使卫生间同时实现这六个功能模块。

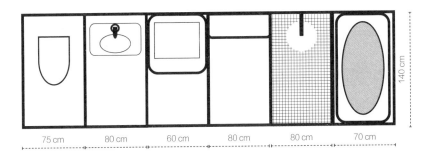

75 cm　　80 cm　　60 cm　　80 cm　　80 cm　　70 cm　　140 cm

1. 经典四分离卫生间

相比于上图的一字排开布局,下图这个设计模块图就比较合理了。卫生间的面积不小于 5.8 m²,最小尺寸长 260 cm,宽 225 cm,六个功能模块都在这个空间中得到了实现。

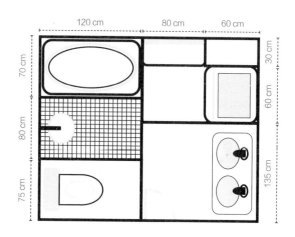

2. 拥有浴缸区的三分离卫生间

如果你家的卫生间面积有限,也可以省去更衣区和洗衣区(将洗衣区挪至阳台),即在基础三分离模式上加一个独立浴缸区。设计时你只需要把浴缸区的模块卡片摆上去看看尺寸是否合适即可。这种布局的最小尺寸为:长 305 cm,宽 140 cm。

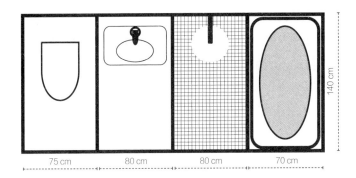

| 75 cm | 80 cm | 80 cm | 70 cm |

140 cm

3. 外置干湿分离卫生间

如果你的卫生间确实太小，但是又想实现干湿分离，把洗手台外移则是一个不错的选择。洗手台外置后，卫生间仅需要 155 cm×140 cm 的尺寸就能实现干湿分离，并且淋浴区（80 cm×140 cm）也不会显得太局促。

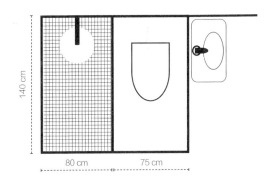

140 cm

| 80 cm | 75 cm |

4. 外置四分离卫生间

如果你还想实现四分离，但是卫生间面积有限，则可以借用走廊空间来实现。把洗漱区和洗衣区外置，充分利用走廊空间，即便小户型也可以轻松实现功能齐全的四分离。此处注意至少预留 80 cm 宽的过道空间。

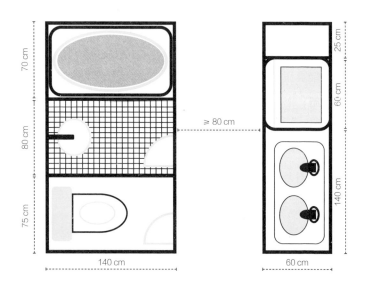

卫浴洁具的选购要点和五金挂件的高度

1. 卫浴洁具的选购要点

坐便器：尽量选购虹吸式一体智能坐便器，不建议选壁挂式坐便器，虽然它看起来很显高级，但前期安装复杂，后期适配度低。

花洒：花洒的关键在于注入空气，不同品牌叫法不同，但都是通过空气的注入让花洒出水更柔和。尽量选择恒温花洒，水压波动不影响水温的变化。

淋浴门：相比于淋浴帘，更推荐钢化玻璃淋浴门，挡水效果好，能真正实现干湿分离。

浴缸：浴缸分为独立式浴缸和嵌入式浴缸两大类，推荐嵌入式浴缸；独立式浴缸虽然颜值高，但占地较大，清理不便。

地漏：想要卫生间不反味，地漏的选择十分重要。地漏分为深水封和重力芯两种，建议湿区选择深水封地漏，干区选择重力芯地漏。

虹吸式一体
智能坐便器

嵌入式浴缸

恒温花洒

2. 卫生间五金的安装高度

卫生间的五金主要包括毛巾杆、浴衣挂钩、电热毛巾架等，可以根据下图中的高度进行安装，当然，后期也可根据家人身高灵活调整。

毛巾杆的安装高度：110 ~ 130 cm。

浴衣挂钩的安装高度：160 ~ 180 cm。

厕纸架的安装高度：65 ~ 70 cm。

浴室置物架的安装高度：140 ~ 150 cm。

电热毛巾架的安装高度：120 ~ 130 cm。

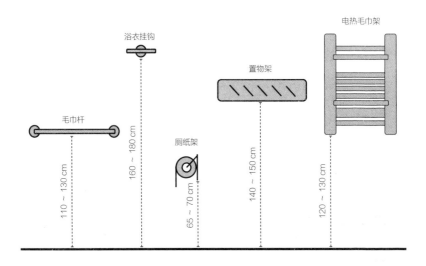

如何设计一款完美的浴室柜？

浴室柜是卫生间里最重要的单体家具，不论是功能性、收纳力还是外观颜值都十分重要，在此单独讲解浴室柜的功能和相关尺寸。

1. 功能性

台面设计：建议选择平面一体式台盆，既方便打扫，又可以随手放置各种小物件。

插座设计：尽量选择带双 USB 插座的浴室柜，可以同时为 6 ~ 8 个设备充电。

镜前灯设计：单纯依靠环境光很难看清脸部细节，增加了顶部或侧面光线后，可以完美解决这个问题。

下水设计：一体式后置下水装置可以提升浴室柜的收纳力。

龙头设计：建议配备抽拉龙头，想冲哪里冲哪里，十分方便。

不对称镜柜：镜柜门采用不对称设计，使用时脸部影像不会被切割，体验感更好。

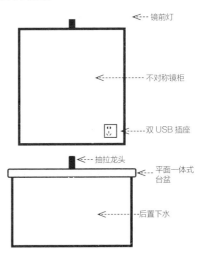

2. 收纳力

（1）镜柜收纳：镜柜的高度一般为 80 cm，建议把镜柜的高度增加到 100 cm，既可以增加收纳空间，还能削弱卫生间的压抑感。镜柜的深度做到 15 cm 左右即可，这个深度能让镜子距脸更近，同时便于收纳各类洗漱用品。

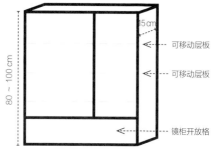

内部设计：最好采用可移动层板。

开放格设计：一定要有开放储物格，因为潮湿的物品不宜放置在密闭的

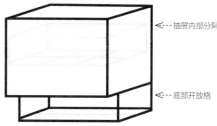

环境中。无论是底部开放格还是侧边开放格都可以，重点是确保高度，可以让部分开放格隐藏在镜子下。

（2）地柜收纳：推荐抽屉式地柜，抽屉的实际使用空间最大，而且拿取物品十分方便。此外，一定要做内部分隔。

底部开放格：卫生间中不可避免的有各种脸盆，把脸盆直接堆放在地上，既容易显凌乱，又很难把水晾干。底部开放格可以完美解决这个问题。

3. 外观质量

颜色：不推荐纯白色，因其容易变黄，可选择饱和度较低的莫兰迪色系或原木色。

材质：卫生间的环境比较潮湿，建议选择实木多层板，可以防潮，防变形。

把手：推荐斜面隐形把手，留一个手能伸进去的缝隙（约 2 cm 宽）。

抽屉中缝
隐形把手

总结

卫生间的布局其实就是上述六大功能区的灵活组合，设计的关键点是搞清共享空间的尺寸、独占空间的尺寸，以及开门对每个区域的影响。其中最重要的三个空间是洗漱区、坐便器区和淋浴区，这三个区域的常用尺寸一定要记牢。

洗 漱 区 单 盆 宽 度 为 60 ~ 120 cm， 双 盆 宽 度 在 120 ~ 170 cm 之间，台盆前方至少预留 70 cm 宽的过道用于站人。坐便器前方至少要预留 45 cm 宽，方便使用者起身和正常走动。淋浴房的宽度至少预留 80 cm，长度预留 100 cm 以上即可。

阳台的基础功能

阳台的主要功能需求是洗衣、晾晒和物品收纳。关于洗衣、晾晒需求：一般需要在阳台配置洗衣机和烘干机，设计时应注意插座、进水口和下水口的安装高度；习惯手洗衣物的家庭还可以在此设计一个小水槽。关于收纳需求：需要定制阳台储物柜，主要用来收纳清洁剂、清扫工具以及其他杂物，设计的关键在于收纳空间的布置。

当然，除此之外还有很多设计非常得体的景观阳台，阳台可以变身为休闲区、植物角或者工作区，但这种阳台设计通常比较灵活，对尺寸没有太高的要求，在此不再赘述。本节重点讲解功能型阳台的常见布局，以及阳台柜设计的相关尺寸。

项目	设计注意点
洗衣机	预留进水口、下水口和插座
烘干机	预留下水口和插座
清洁剂和其他杂物收纳	储物空间规划
清扫工具收纳	预留插座
小水槽	预留进水口、下水口

阳台的常见布局

1. 功能型阳台的布局方式

阳台的空间布局首先应满足基本的功能性设计，而阳台最基础的功能就是解决洗衣与晾晒问题，但是这个洗衣区更像一个功能齐全的独立家务区。

面积较小的阳台可以在单侧设计一个洗衣机柜，洗衣机柜的深度通常为 60 cm，然后再利用绿植、置物架等来简单装点另一面侧墙体。

如果阳台的长度较长，可以在一侧设计深度为 60 cm 的洗衣机柜，在另一侧设计 40 ~ 60 cm 深的储物柜，进一步增加收纳空间。

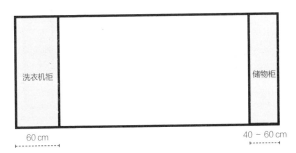

2. 舒适型阳台的布局方式

随着人们生活水平的提高，烘干机的使用也越来越普及了，尤其在南方地区，这进一步解放了阳台，为舒适性阳台设计提供了更多可能。例如，家中若没有独立书房，可以利用阳台的采光优势在此处打造 1 m² 家庭办公区，在阳台一侧定制洗衣机柜，将另一侧的储物柜改为书桌，书桌的深度为 50 ~ 60 cm，椅子周围的动线距离约为 60 cm 宽。

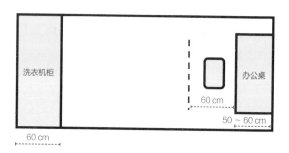

如果想在家里健身，在阳台简单放置一张瑜伽垫或者一个划船机都是不错的选择。

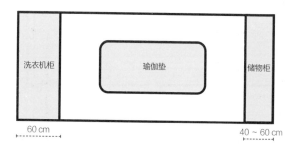

或者把阳台打造为多功能休闲区，简单放上两把单椅和一张小茶几，阳台立马变身为小茶室。茶座区的舒适宽度至少要有120 cm，足不出户就能体会一下"诗和远方"。

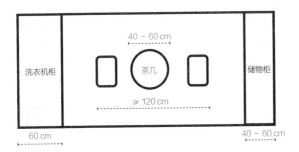

　　想种点花花草草，把阳台变为家庭植物园，享受被植物包围的感觉，是很多年轻人的执念。空间充足的话，还可以在洗衣柜对面设计一个小型景观水池。

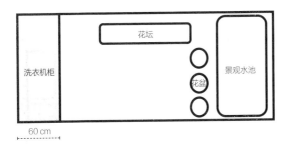

阳台柜设计的相关尺寸

1. 洗衣机、烘干机的尺寸预留

洗衣机和烘干机的标准尺寸是宽 60 cm、高 85 cm、进深 60 cm，其实际深度可能大于 60 cm，但阳台柜深度预留 60 cm 即可。需要特别提醒的是在柜体两侧预留一定的安装空隙和叠放连接架的位置。

洗衣机和烘干机叠放时，阳台柜的宽度至少预留 70 cm，高度预留 180 cm。如果洗衣机和烘干机并排放置，柜体的宽度至少预留 135 cm，高度预留 90 cm。

洗衣机、烘干机的插座和洗衣机的进水口不要留在机器后边，而应留在机器侧面。在进水口上方预留 2 个五孔插座，其中叠放设计的插座高度为 130 cm，并排放置的插座高度为 50 cm。排水口使用三通接头，预留 1 个即可。

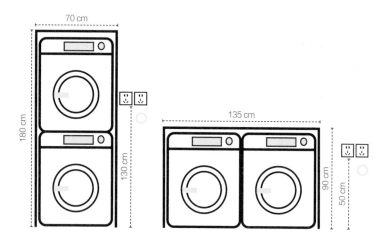

2. 清洁剂、清洁工具等的尺寸预留

通常，定制家具的板材长度在 240 cm，如果长度大于 240 cm，就需要拼接板材，因此本节介绍的模块化高度都是 240 cm。

清洁剂等收纳：推荐开放储物格，有利于分类收纳，也方便随时取用，柜体宽度在 30 ~ 40 cm 之间，深度为 40 ~ 60 cm。

清扫工具收纳：利用洞洞板或者挂钩进行垂直收纳，柜体宽度在 40 ~ 60 cm 之间，下部为高 180 cm 的整体空间，可以放置长柄的清扫工具，如手持吸尘器、扫把杆、洗地机等。

其他杂物的收纳：柜体宽度在 40 ~ 80 cm 之间，下部高 75 cm，便于收纳常用的行李箱；中部高 105 cm，可以设置多个可移动层板，放置不常用的杂物；上部高 60 cm，收纳过季的被子、床单等物品。

小水槽：高度为 75 ~ 85 cm（含台盆），便于手洗小件衣物，宽度大于 40 cm 即可。

项目	深度
开放储物柜	40 ~ 60 cm
清扫工具储物柜	40 ~ 60 cm
其他杂物储物柜	40 ~ 60 cm
水槽	60 cm

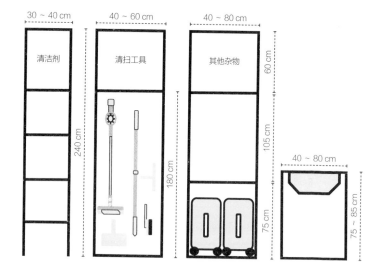

3. 洗衣机和水槽组合设计

　　洗衣机和水槽的组合方式在阳台设计中也比较常见，阳台柜的整体宽度为 110 ~ 150 cm。需要注意两个关键尺寸，一是洗衣机柜的宽度应预留 70 cm。二是吊柜和开放格子的深度不要与洗衣机柜做成一样的，最佳深度为 30 ~ 35 cm，这样可以确保使用时不碰头，类似厨房中的吊柜、地柜的深度差。

　　开放格子（30 cm 高）主要用来收纳与洗衣相关的清洁剂，方便随手拿取。挂杆的作用是挂随手取用的物品，如晾衣架，而不是晾晒衣物。

项目	深度
吊柜	30 ~ 35 cm
洗衣机柜	60 cm

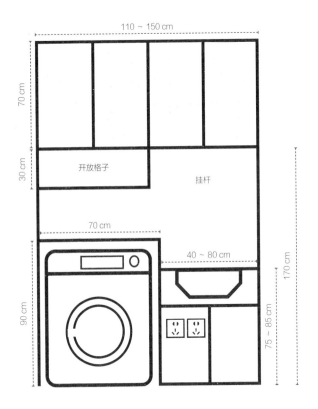

4. 洗衣机、烘干机叠放设计

洗衣机和烘干机（同品牌）一般都可以通过连接架进行叠放，洗衣机在下，烘干机在上，充分利用立面空间。阳台定制柜的整体高度为 240 cm，宽度在 100 ~ 110 cm 之间，其中洗衣机、烘干机叠放的高度预留 180 cm，宽度 70 cm（太窄会导致安装不便；太宽则两侧缝隙太大，浪费空间）。

洗衣机旁的空间可以设计置物架，用来收纳清洁剂等物品。洗衣机、烘干机的插座和洗衣机的进水口也需要留在旁边的柜子

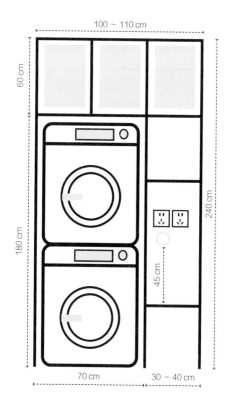

中。注意：最下边一层可做活动层板，方便安装和检修排水管、地漏等。

此外，烘干机上方的吊柜进深尽量做到60 cm，如果深度小于60 cm，会导致柜门太靠内侧，不但不美观，而且使用起来十分不便。

项目	深度
洗衣机柜	60 cm
吊柜	60 cm

5. 洗衣机、烘干机（叠放）和水槽、清洁工具柜组合设计

洗衣机、烘干机和水槽的组合也是一款比较实用的阳台设计，非常适合紧凑户型，在空间允许的情况下，还可以增加一组储物窄柜。定制柜整体高度为240 cm，宽度在140 ~ 190 cm之间。

还可以把储物窄柜换成清扫工具收纳柜，这时阳台定制柜的整体宽度为150 ~ 210 cm。

水槽上方的吊柜既可以做30 ~ 35 cm深，也可以和左边洗衣机上方的吊柜设置为相同的深度（60 cm深）。储物窄柜如果不靠墙，最好加上柜门，这样整个柜体的立面会更加统一。

项目	深度
洗衣机柜	60 cm
水槽上方的吊柜	30 ~ 60 cm
烘干机上方的吊柜	60 cm

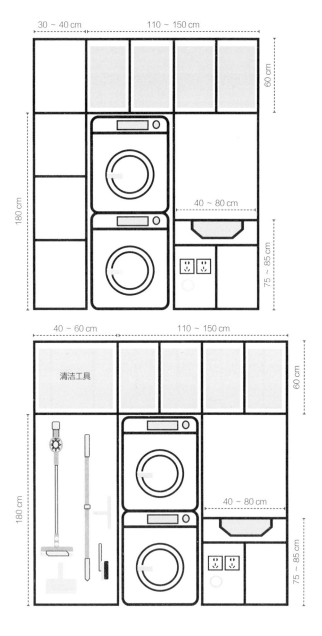

138

6. 洗衣机、烘干机（并排）和水槽组合设计

洗衣机、烘干机并排设置，再搭配水槽的组合在阳台设计中比较少见。因为整体尺度较大，会占用不少空间，多用于厨房与设备阳台相连的情况，通常是把洗衣机和烘干机上方的吊柜作为厨房收纳的补充。

定制柜整体的宽度为 175 ~ 215 cm，洗衣机、烘干机并排放置的柜体宽度为 135 cm，高度为 90 cm。

项目	深度
洗衣机柜	60 cm
吊柜	40 ~ 60 cm

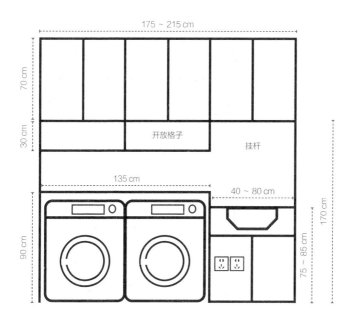

7. 阳台储物柜

这里的阳台柜一般是指洗衣机对面的储物柜，主要用来收纳杂物。不论是清洁用品、清扫工具，还是其他杂物，为了柜体立面的整体感，柜门的材质和颜色都是统一的，仅在内部结构上做调整。下图就是收纳清扫物品、行李箱、大衣以及换季被褥等物品的阳台柜。

阳台柜通常是作为衣柜或玄关柜的补充，千万不能直接照搬衣柜或玄关柜的设计，而要根据阳台柜中所要收纳物品的属性来进行定制设计。

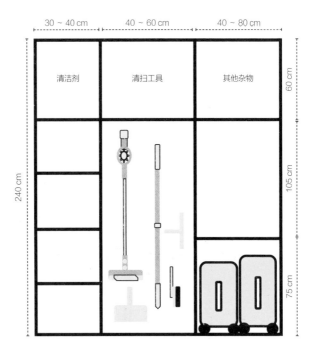

总结

功能型阳台的设计关键就是要明确阳台柜的相关尺寸，洗衣功能模块柜体的深度统一设计为 60 cm，洗衣机、烘干机并排放置的柜体宽度应预留 135 cm，高度为 90 cm；洗衣机、烘干机叠放的柜体宽度为 70 cm，高度为 180 cm。水槽宽度预留 40 ～ 80 cm，方便手洗衣物。

阳台储物柜的深度为 40 ～ 60 cm，可用来收纳清洁用品、清扫工具以及其他杂物，其中清洁剂开放储物柜的宽度为 30 ～ 40 cm，清扫工具储物柜的宽度为 40 ～ 60 cm，其他杂物储物柜的宽度为 40 ～ 80 cm。

至于晾衣区（有烘干机可以不设计，或者缩小这个区域）、绿植区、健身区等完全可以灵活布置，因为这些区域都是可以移动的。

电路设计、水路设计和灯具安装的相关数据

电路设计和开关、插座的安装数据

装修初期最需要关注的就是隐蔽工程，比如电路、水路等，因为这些都是后期很难更改的部分，其中最重要的就是电路设计，本节就来跟大家聊聊电路设计需要注意的事项以及各空间开关、插座安装的相关数据。

电线的选择

家用电线一般分为软芯（BVR）和硬芯（BV），硬芯比软芯使用得更普遍，因为软芯接头处不方便固定。但装修时不必太在意是软芯还是硬芯，只要是正规厂家生产的电线就都可以。

不能忽视的是电源的线径，也即电线的粗细。电源导线一定要按负荷大小来选择导线线径，线径大了浪费钱，线径过小则存在安全隐患。一般而言，开关、普通插座选用 2.5 mm² 的标称截面积，厨房插座、卧室空调和直热式电热水器选用 4 mm² 的标称截面积。

全屋电源导线标称截面积与空气开关搭配表

项目	照明	普通插座	厨房插座、卧室空调	中央空调	入户
导线标称截面积	1.5 mm²	2.5 mm²	4 mm²	6 mm²	6 mm² 或 10 mm²
理论电流	22 A	30 A	39 A	51 A	51 A 或 70 A
空气开关	10 A	16 A	25 A	32 A	32 A 或 63 A
建议荷载功率	2200 W	3500 W	5500 W	7000 W	7000W 或 13 800 W

（注：以上数据的电线是铜芯）

不同用途的电线还应该进行分色，不然日后维修检查时电工师傅不容易辨认，会给维修造成不必要的麻烦。零线一般为蓝色，火线黄、红、绿三色都可以用，一般会使用红色，接地线为黄绿双色线（地线是必须要接的，可以防触电）。

回路设计

家中布置电路首先要设计回路，简单说就是确认需要几路电线，以及每路电线的粗细和对应强电箱内空气开关的大小。回路设计得不好最容易出现的问题是经常跳闸。

回路通常要根据使用功能来设计，而非根据房间类型来设计，否则检修和使用十分不便。这里还要介绍两个名词：空气开关和漏电保护开关。空气开关的主要功能是电线短路或用电量超载时，自动跳闸，免于电线走火。漏电保护开关比空气开关大一些，作用是当检测到漏电时，就会迅速跳闸，不再仅仅是电流过载才会跳闸。如果预算有限，建议在有水的地方，如厨房、卫生间、阳台家务区等处安装漏电保护开关。

1. 常用的回路设计

下表只是家居空间中常用的回路设计，后期可以根据实际情况增加回路。特别提醒：冰箱需要单独布置回路（放在总闸之外），这样就可以在外出时断掉其他回路，仅为冰箱供电。

常用的回路设计表

项目	普通插座	照明	卫生间插座	厨房插座	客厅空调	卧室空调	冰箱插座	总闸
断路器	空气开关	空气开关	漏电保护开关	漏电保护开关	空气开关	空气开关	漏电保护开关	漏电保护开关
导线标称截面积	2.5 mm²	1.5 mm²	2.5 mm²	4 mm²	4 mm²或6 mm²	4 mm²	2.5 mm²	根据入户线面积
理论电流	30 A	22 A	30 A	39 A	39 A或51 A	39 A	30 A	
空气开关	16 A	10 A	16 A	25 A	25 A或32 A	25 A	16 A	
建议荷载功率	3500 W	2200 W	3500 W	5500 W	5500 W或7000 W	5500 W	3500 W	

（注：以上数据的电线是铜芯）

一般常见回路的空气开关是 16A 或 25A，但是常有房主怕跳闸，会要求使用高安培数的空气开关。其实，这是一种错误的观念，空气开关跳闸是好的，是在保护我们，而不要认为跳闸就代表配电设计不佳。因此，装修过程中一定不要乱买空气开关。

2. 可增加的回路设计

除了前面提到的常用回路外，如果家里使用了中央空调、新风系统、地暖、电热水器、音响等，还需要单独布置回路。因为这些电器的功率往往比较大，如果不单独布置回路，易导致跳闸。

可增加的回路设计表

项目	中央空调	新风系统	地暖	电热水器	音响插座
断路器	空气开关	空气开关	漏电保护开关	漏电保护开关	空气开关
导线标称截面积	根据实际情况来选择	4 mm²	6 mm²	4 mm²	根据实际功放设计来选择
理论电流		39 A	50 A	39 A	
空气开关		25 A	32 A	25 A	
建议荷载功率		5500 W	7000 W	5500 W	

（注：以上数据的电线是铜芯）

插座的类别

　　下图是基础的五孔插座以及其他常用插座的示意图。需要注意的是卫生间的插座最好选择带防溅盒的款式，因此应尽量买三孔插座，否则可能导致插座插上后防溅盒无法使用。

　　另外，厨房中的小家电最多，也是使用插座最多的地方，建议安装带开关的插座，以减少插拔的频率。

五孔插座（最常见的五孔插座，无法同时使用两种电器）

斜五孔插座（五孔插座的改良版，可同时使用两种电器，注意不要过载）

带开关的五孔插座（在五孔插座的基础上增加开关，可减少电器插拔的次数）

USB 插座（新兴插座，缺点是电流不稳，价格较贵；优点是使用方便）

四孔插座（多用在电视柜、床头柜等两孔插座使用较多的地方）

地插（多用在餐桌、书桌下，通常附近没有墙壁）

16 A 三孔插座（适用于空调、烤箱等大功率电器）

110 V 五孔插座（从国外代购的厨房小家电无法直接使用 220 V，可以在厨房布置 110 V 插座）

各空间开关、插座的类型和安装高度

1. 玄关

开关：在入口处设计 1 个双控开关，高 130 cm，可以控制走廊、客厅的光源；建议安装 1 个 20 A 双极开关，可实现全屋灯光一键断电。

插座：预留 2 ~ 3 个插座，其中玄关柜中间镂空位置的插座高度为 130 cm，方便一进门就给手机充电；还可以为小夜灯、烘鞋器等预留 1 个插座，高度为 15 cm。

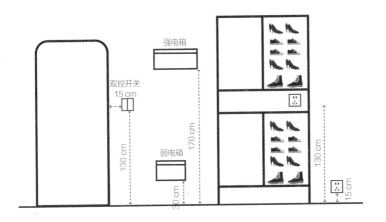

2. 客厅

开关：在客厅设计 1 个双控开关，控制客厅的主灯，位置在进门处或沙发边，高度 130 cm。

插座：沙发背景墙区域一般需要预留 5 ~ 7 个插座，在沙发两侧分别设置 2 个高度在 30 cm 的五孔插座，方便为手机、平板电脑等充电，也可选择 USB 插座（虽然充电慢，但人多时真的很实用）。空调属于大功率电器，需为其配备 1 个 16 A 三孔插座，高度为 220 cm。如果客厅安装了投影仪，那么需要在沙发背后预留投影仪插座，高度一般是到顶。

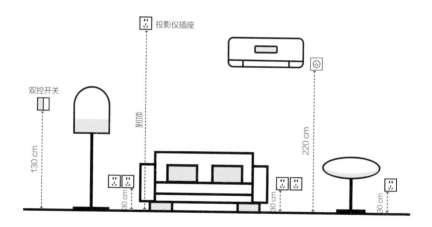

客厅的电视背景墙区域一般需要预留 4 ~ 8 个插座，电视柜处的插座高度为 40 cm，同时为净化器、风扇等客厅家电预留 1 个五孔插座，高度为 50 cm。如果家里安装了立式空调，需要给空调预留 1 个 16 A 三孔插座，高度为 50 cm。

有两点需要注意：一是可以在电视机柜附近预留 2 个四孔插座，因为此处的电器多为两头插头；二是不要把所有的插座都布置在中间，电视柜两侧至少各留 1 个插座。

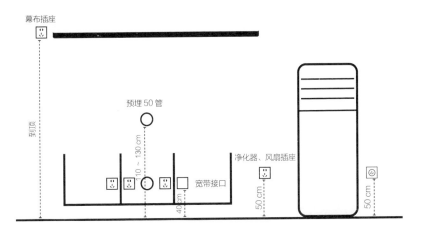

3. 餐厅

开关：为了赋予空间开阔感，餐厅通常会与客厅设计在一起，作为公共空间，餐厅开关可以设计在走廊一侧，高度为130 cm。

插座：餐厅一般需要预留 4 ~ 5 个插座，主要供各种小电器及餐桌上的火锅、烤盘等使用。餐边柜附近的插座，距离餐边柜台面的高度为 20 cm；如果有条件，餐桌附近尽量不要使用地插，因为地插价格高，而且很容易损坏，耐用性差。

如果冰箱摆放在餐厅，则需要为其预留 1 个五孔插座，高度为 50 cm。

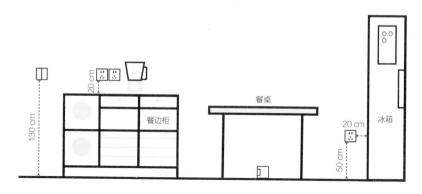

4. 厨房

开关：厨房的开关可以设计在进门处，一般无须双控设计。

插座：厨房是家居空间中使用插座最多的地方，至少需要 10 个，其中蒸烤箱插座的安装高度是 180 cm；冰箱插座高 50 cm；需要为电饭煲等小厨电配备 3 ~ 4 个带开关的五孔插座，距离台面的高度为 30 cm；在水槽周围，为净水器、小厨宝等配备 3 个五孔插座，高度为 40 cm；同时需要为抽油烟机预留 1 个插座，高度为 220 cm。

除了以上插座外，还可以为除湿机、电磁炉等小家电增加 1 ~ 2 个插座。如果厨房配有中岛，至少得再增加 4 ~ 6 个插座。

烤箱、洗碗机的插座不能留在机器后边，为了方便插拔，最好留在旁边能开门的橱柜里；专业点儿的嵌入式烤箱一般需要 16 A 插座。

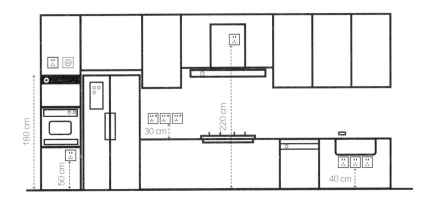

5. 卧室

开关：在卧室入口处布置 1 个双控开关（控制卧室顶灯和床头灯），体验不用摸黑起夜的幸福感。

插座：床头插座有两个高度，如果想要美观，插座可以隐藏在床头柜后面，然后把线引出来使用；如果强调实用性，则可以设计在床头柜之上，高度为 70 cm。此外，还可以在衣柜中为熨烫机、除味器等预留 1 ~ 2 个插座，高度约在 130 cm。

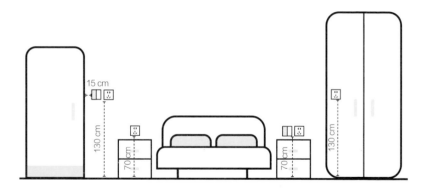

在床对面，为卷发棒、美容仪等预留 2 个五孔插座，高度为 90 cm。在书桌附近，建议为电脑、台灯等预留 3 个五孔插座，高度为 30 cm。如果想隐藏处理，插座的高度可以相应降低些，现在很多书桌都配有专门的线盒。同时，为空调配备 1 个 16 A 三孔插座，高度为 220 cm。

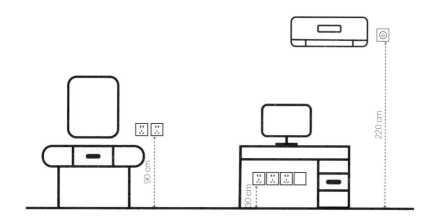

6. 卫生间

开关：卫生间的开关直接设计在进门处即可，高度130 cm。

插座：卫生间一般需要预留 4 ~ 6 个插座，供智能坐便器、热水器、洗衣机等使用，其中智能坐便器的插座高度为 40 cm，洗漱区附近的插座距离台面的高度为 30 cm，洗衣机、烘干机叠放时，插座设置的高度为 130 cm，略高于进水口。

如果使用电热水器，一定要预留 1 个 16 A 三孔插座，因为电热水器功率普遍比较大。特别提醒：卫生间湿气比较重，靠近水源处的插座一定要带防溅盒。

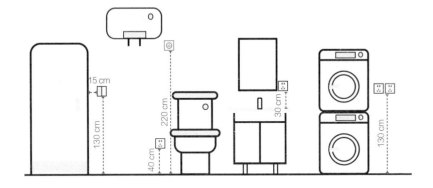

7. 智能家电

开关：如果家里将来会使用各种智能家电设备，开关一定要预留零线（传统插座只有地线和火线）。取消所有房间的双控设计，一律使用无线开关来代替。

插座：对于智能家居产品来说，最需要注意的是智能窗帘、网关以及摄像头的插座，其他传感器一般都是采用纽扣电池供电。至于各类机器人、智能音响等电器，只要增加常规插座即可。

智能窗帘的插座距离顶面 20 ~ 30 cm，摄像头插座距离顶面 10 cm 左右，拖地机器人和扫地机器人的插座高度均为 30 cm，吸尘器的插座高度为 150 ~ 160 cm。

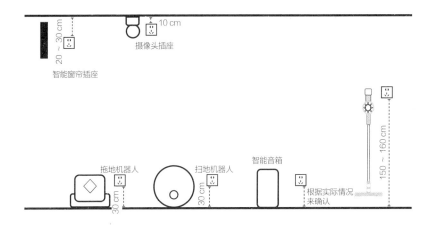

智能窗帘插座   20 ~ 30 cm

摄像头插座   10 cm

拖地机器人   30 cm

扫地机器人   30 cm

智能音箱

根据实际情况来确认

150 ~ 160 cm

总结

　　插座的预留是装修中非常重要但又极容易被忽视的环节，如果装修前期没有设计好插座的数量、安装高度等，后期家里就容易变成"盘丝洞"。插座的设计不单单体现在数量上，更重要的是体现在安装位置、类别以及回路布置上。

　　在插座类别上，要注意为空调、嵌入式烤箱和电热水器等大功率电器预留 16 A 三孔插座；此外，不要单纯使用五孔插座，而应灵活配合四孔和 USB 插座。

　　在回路布置上，一定要根据功能需求来设计回路，且宁多勿少，以防后期出现跳闸现象；最好单独为冰箱设计一个回路，便于外出时单独留电。

水路设计和进水口、出水口的尺寸预留

全屋水路设计

下图是家装水路设计示意图，入户后的自来水进前置过滤器、中央净水器后分出两路，一路直接进厨房，在末端接 RO 净水机（过滤精度为 0.1 ~ 1μm）用于直饮；一路接软水机，用于淋浴、洗衣（软化后的水没有水垢，对皮肤好，洗衣服也干净）。

前置过滤器的过滤精度为 40 ~ 100μm，作用是过滤泥沙、铁锈等大颗粒杂质，一般分为反冲洗和滤芯两种类型，推荐反冲洗前置过滤器，原因是其后期使用成本低。前置过滤器是必安装的，价格不高且实用性强。

中央净水器的主要作用是去除水中残留的氯、铅、砷、铬等重金属和有机化合物，也分两类：一类为 KDF+ 活性炭，是化学处理和物理吸附；一类为中空纤维超滤膜，是物理处理。如果预算有限，可以不使用，直接在终端使用 RO 净水机。

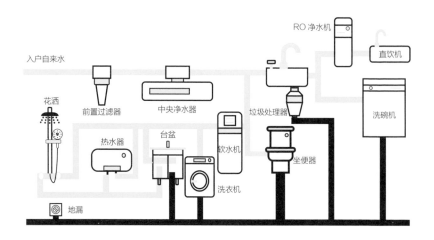

厨房净水水路设计

左图把全屋的净水、软水都放到一起，让大家对整体水路规划有初步概念，下图是厨房净水水路设计示意图。

自来水经过前置过滤器和中央净水器，可以直接接到洗碗机和厨房台盆，用来洗碗和洗菜。橱柜台盆下可以安装RO净水机，过滤出的水是直饮水，接管可直接饮用。从RO净水机也可以分出两条水路，分到管线机（壁挂即热饮水机）和带水吧的冰箱。

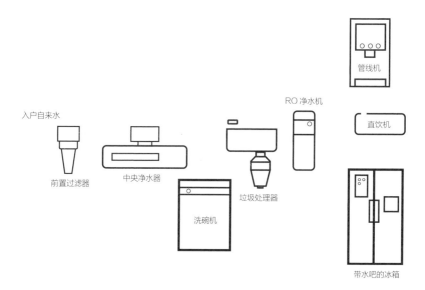

软水水路设计

1. 电热水器的软水机水路设计

电热水器的软水水路设计相对简单，从软水机分出两路，一路供洗衣机使用，一路通往卫生间。电热水器加热的水仅供卫生间使用，厨房的热水利用小厨宝来解决。

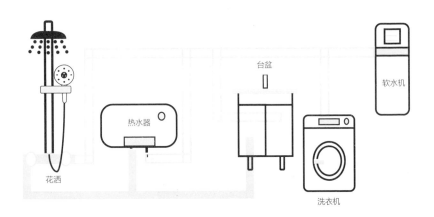

2. 燃气热水器软水机水路设计

燃气热水器大多安装在厨房中，厨房台盆的热水一般都是由燃气热水器来提供的。有人担心软水洗菜不利于身体健康，其实完全不必担心，软水增加的那些钠离子，洗完菜后基本没有残留，不会对人身体造成伤害。

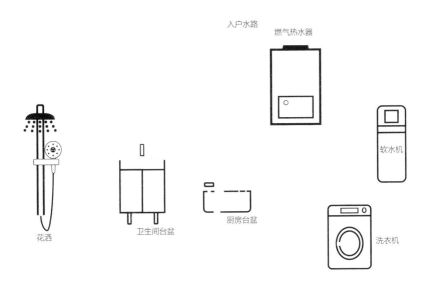

入户水路　燃气热水器

软水机

花洒　卫生间台盆　厨房台盆　洗衣机

热水器水路设计

1. 燃气热水器和电热水器共用的水路设计

燃气热水器和电热水器共用的情况通常用在有两个卫生间的家庭，且其中一个卫生间离燃气热水器比较远。这个方案是利用燃气热水器给厨房以及近处的卫生间供热水，同时为远端的卫生间单独配备一个电热水器。

这样设计有两个优点：一是在使用远端的卫生间时，不必长时间等待热水；二是节省大量的铺管费用。

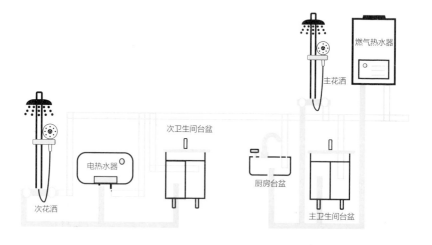

2. 零冷水燃气热水器水路设计

如果卫生间距离燃气热水器较远，除了上面提到的单独安装电热水器外，还可以使用零冷水燃气热水器来解决。如果没有提前预留回水管，解决办法是在最远端用水处安装单向阀，从而利用冷水管做回水管。

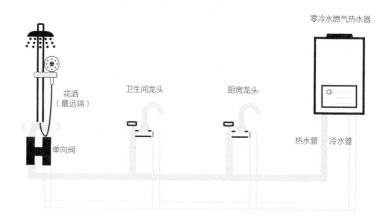

如果提前设计好回水路，那就更方便了。虽然提前设计回水水路会增加一定的水路铺设费用，但冷水管中不会再有热水存在，用起来更加舒适。

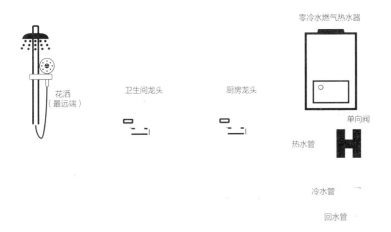

花洒
（最远端）

卫生间龙头

厨房龙头

零冷水燃气热水器

单向阀

热水管

冷水管

回水管

全屋各用水点进水口的尺寸预留

1. 卫生间用水点进水口的尺寸预留

水路设计好了，进水口和出水口的尺寸预留也不能马虎，否则会导致后期使用不便，甚至直接无法安装。首先是水路最多的卫生间进水口位置的设计，主要涉及台盆、坐便器、电热水器和花洒四大类。

台盆进水口：高度为 45 cm，热水管与冷水管的间距为15 cm，左热右冷。

坐便器进水口：高度为 20 cm，距离坐便器排水口中心的宽度约为 25 cm。

电热水器进水口：高度为 170 cm，热水管与冷水管的间距为 10 cm，左热右冷。

花洒进水口：高度为 110 cm，热水管与冷水管的间距为 15 cm，左热右冷。

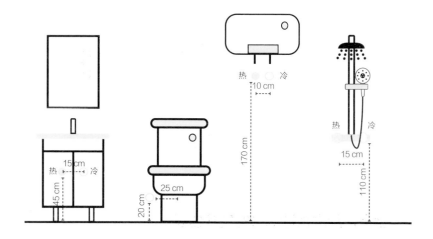

2. 厨房用水点和洗衣机进水口的尺寸预留尺寸预留

洗衣机进水口（叠放）：高度为 120 cm，纯冷水设计在洗衣机侧边即可。

燃气热水器进水口：高度为 150 cm，热水管与冷水管的间距为 15 cm，左热右冷。

厨房台盆进水口：高度为 45 cm，热水管与冷水管的间距为 15 cm，左热右冷。

洗碗机进水口：高度为 45 cm，纯冷水设计在洗碗机侧边即可。

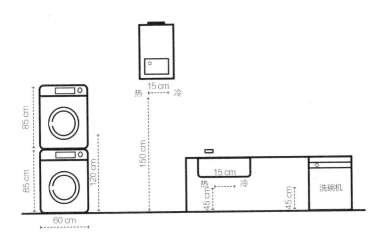

总结

水路设计需要着重强调三点，首先是搞清各类净水器的用途，前置过滤器和中央净水器负责全屋的用水，RO 净水机负责直饮用水，软水机则用来负责洗澡和洗衣用水。其次是冷水管与热水管的布管思路，以及零冷水燃气热水器的回水水路布置。最后是冷热水管进水口和出水口的高度以及间距，除电热水器冷热水管的间距为 10 cm 外，其他冷热水管的间距统一为 15 cm，并且左热右冷。

灯光设计的基础和灯具安装的相关数据

要说哪部分装修能将家的格调拔高好几个级别，那非灯光莫属了，无论是营造氛围还是提升空间质感，再没有比借助灯光性价比更高的方法了。本节就从灯光的各类参数、灯具的类别与安装位置，以及灯光的功能性三个角度来讲解灯光设计的相关数据。

对于灯光设计，大家不要太走极端，比如十年前家里都是一盏灯照亮全屋的均匀照明，如今，无主灯设计流行起来以后，大家又把房子改成了"满天星"屋顶。每个人都要根据自己的喜好、预算，以及自家的实际情况来设计灯光，而不是随波逐流。

必须了解的照明术语

名词	解释
色温（K）	灯光颜色的感知温度，常说的暖色、中性色和冷色分别对应 3000 K、4000 K 和 5000 K 的色温，建议家用灯光的色温不要超过 4000 K（接近自然色）
显色指数（R_a）	影响灯光照射到物体后色彩显示的真实性，一般 $R_a \geq 90$ 的灯光属于显色性较佳的光源，餐桌等区域可以用 R_a=95 的灯光
照度（lx）	单位面积所接收到的光通量，照度太低，容易引起眼睛疲劳；而照度太高，则会过于明亮刺眼。一般客厅活动照度的标准为 150 lx，书写、阅读需要 300 lx
光通量（lm）	光源所发出的光亮，是衡量光源整体亮度的指标
发光效率（lm/W）	灯具的发光效率，普通节能灯的发光效率在 70 ~ 80 lm/W 之间，高品质节能灯的发光效率在 90 lm/W 左右
眩光	令人不舒服的光线，视野中存在过亮的物体或者是存在极高的亮度对比，以致引起视觉不适的一种视觉现象

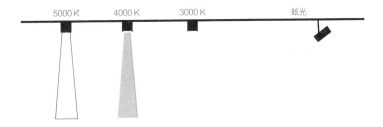

5000 K   4000 K   3000 K   眩光

灯具的种类和安装的相关数据

1. 射灯和筒灯

随着无主灯设计的日渐普及，射灯和筒灯的使用频率越来越高。首先要明白什么是射灯，什么是筒灯，并不是通俗意义上所理解的凡是嵌入的都是筒灯，外露的就是射灯。

区分筒灯和射灯的关键是看它们射出光线的角度（即光束角），光束角小、光线比较集中的是射灯，光束角大、光线比较发散的是筒灯，如下图所示。

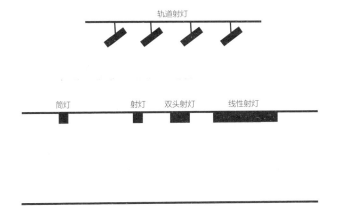

轨道射灯

筒灯   射灯   双头射灯   线性射灯

（1）射灯离墙的距离（这里的墙不一定是真实的墙，而是光需要打的立面）：一般来说，轨道射灯距离墙体的距离是40～50 cm，嵌入式射灯距离墙体的距离是20～30 cm。

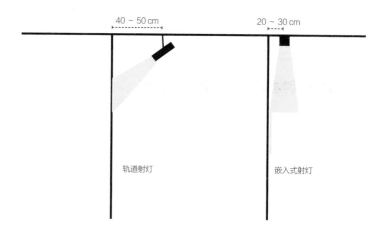

（2）灯间距：无论是嵌入式射灯还是轨道射灯，灯与灯之间的距离应控制在70～140 cm之间，这样既没有眩光，又不会降低空间亮度（只要在这个距离范围内即可，具体数值根据光通量来选择）。

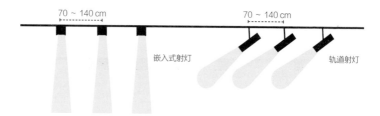

（3）射灯的光束角：简言之，光束角是灯具出光的形状。目前比较常见的光束角角度有四种，其中15°用于展示品的重点照明；24°用于局部照明，比如打亮挂画；36°作为洗墙照明，可以突出光线的层次感；60°用于基础照明，可替代主灯。

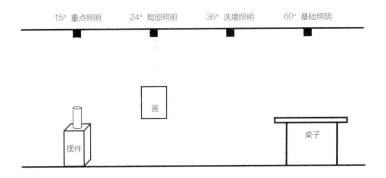

2. 吊灯

吊灯通常安装在餐厅、卧室或挂置于床头代替床头台灯，起到重点照明和烘托氛围的作用，不建议安装在客厅中。

餐厅吊灯：吊灯灯罩底部到地面的距离建议保持在150～160 cm，如果吊灯悬挂得太高，无法让光线集中，难以营造出温馨的氛围；离桌面太近又会影响正常使用和视线交流。

卧室吊灯：卧室主灯主要为了营造放松身心的休息氛围，而非重点照明，高度以180～220 cm为宜，最低高度需要保证人跪在床上时不碰头；如果设计得太高，会影响卧室的温馨感。

床头吊灯：高度在150～160 cm，主要用于重点照明，满足睡前阅读的亮度需求，建议选用给人温暖感的低色温光照。

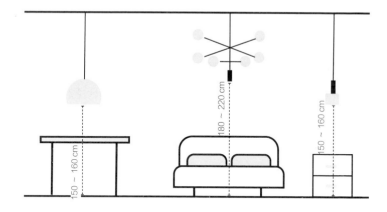

3. 壁灯

作为重点照明的壁灯适合安装在走廊、楼梯转角等需要加强照明的区域，高度最好在 200 ～ 220 m 之间，这个高度既不会碰头，又可以让光线照下来后落在重点视野中间。

床头两侧的壁灯安装高度为 150 ～ 160 cm，这个高度基本与使用者坐在床上时的头部高度平行，可作为睡前阅读灯，建议选择可旋转的壁灯。

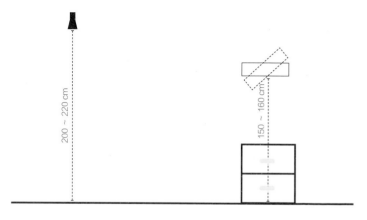

4. 灯带、灯管

灯带、灯管多用于营造氛围，或作为感应夜灯，通常安装在玄关柜、书架的最深处或者中间部分。如果装得太靠外侧，会露出灯的本体，削弱烘托氛围的作用。

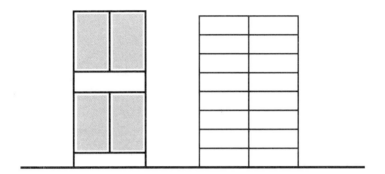

5. 镜前灯

镜前灯一般用在卫生间或化妆间，可以使用上下照明、左右照明的灯具，注意电线预留的位置和镜子的尺寸。上下照明灯具的留线口高度在 180 ~ 220 cm 之间，左右照明灯具的留线口高度约在 160 cm。

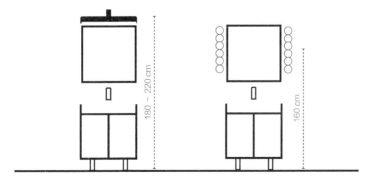

6. 小夜灯

小夜灯的光线比较柔和，方便起夜时使用，通常都是安装在墙面上，起到辅助性照明的作用。目前实现方式有两种：一是直接购买带感应功能的小夜灯；二是通过智能设备来实现小夜灯的功能，如人体传感器联动。一定不要把感应灯设计在床周围，而应设计在床侧下部。

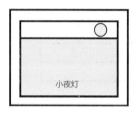

7. 柜内灯

柜内灯是一种用于重点照明的灯具，适合安装在衣柜、书柜或展品柜内，设计的关键点在于灯具的照射方向和位置。柜门类照明灯需要安装在靠外的位置，向内照射；而抽屉类的照明灯则需要安装在靠外位置，向外照射。

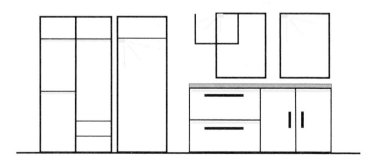

8. 吸顶灯

一般不推荐使用吸顶灯，但如果你觉得每个房间都设计灯光太麻烦，或者房屋的层高较低，也可以直接安装吸顶灯。吸顶灯的尺寸大小应与房屋的面积相匹配，下面简单做了一个对照表格，供大家参考。

吸顶灯最大的缺点是让整个屋子表面看上去是亮堂的，但实际上一些关键角落会显得特别昏暗。

吸顶灯尺寸与房屋面积对照表

房间面积	灯具形状	灯具尺寸	瓦数
10 m² 以下	圆形	直径 30 cm	15 ~ 20 W
	正方形	30 cm × 30 cm	
10 ~ 15 m²	圆形	直径 40 cm	20 ~ 60 W
	正方形	40 cm × 40 cm	
16 ~ 20 m²	圆形	直径 50 cm	40 ~ 60 W
	长方形	60 cm × 40 cm	
21 ~ 30 m²	圆形	直径 60 cm	60 ~ 100 W
	长方形	80 cm × 60 cm	

灯光的功能性

最后来聊聊灯光最常见的三种功能，进行照明设计时综合参考上述数据，再对应相应的功能，即可轻松搞定全屋灯光设计。

基础照明：主要解决空间的整体亮度，可以依靠吸顶灯、吊灯或者射灯洗墙来实现，设计原则是光源柔和不刺眼，确保空间的基础亮度（不需要太亮）。

重点照明：一般在聚精会神从事某项特定活动，如阅读、化妆、烹饪等时，可进行重点照明，以便看清楚当下进行的动作。此外，重点照明还可以适当提高色温，例如，厨房中岛射灯的色温选为4000 K，在中岛操作时可以让自己的精神更加集中。

氛围照明（装饰性照明）：主要是利用灯光营造出情境氛围，例如展示架、装饰画以及餐桌上方，建议用色温较低的暖光。例如餐厅可以使用色温2800 K的吊灯，偏黄的色调能营造温馨的用餐氛围，也会让餐桌上的食物看起来更美味可口。

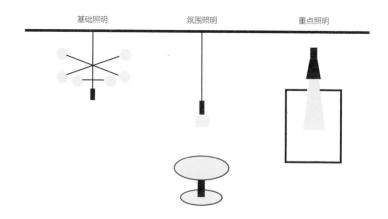

总结

恰到好处的照明设计不仅丰富了光的层次质感，还能够营造气氛，突出重点，还原细节。适合家居空间的色温在 3000 ～ 4000 K 之间，其中 3000 K 光源趋近于黄色，可有效提升空间温度；4000 K 光源则比较接近自然光。少数用 5000 ～ 6000 K 的冷白光区。

不同功能、不同场景有着不同的灯光需求，在对房间的灯光进行布局时，一定要有的放矢。

附录

1. 集成灶、抽油烟机等的预留尺寸

集成灶的宽度一般为 90 cm，某些紧凑型款式也能做到 85 cm 宽，整体高度在 100 ~ 130 cm 之间（不同品牌高度有差异），因此吊柜至少需要离地 140 cm，才不妨碍集成灶的正常安装。深度上，与地柜 55 ~ 60 cm 的深度保持一致，集成灶的台面高度可以在一定范围内调整。

欧式抽油烟机宽 90 cm，底部距离台面的最佳距离为 65 ~ 75 cm，不必太在意机器的深度，一般不影响橱柜的正常安装。侧吸式抽油烟机同样宽 90 cm，底部距离台面的距离为 30 ~ 40 cm。

灶台的开孔尺寸没有固定值，一般来说，宽度在 63 ~ 70 cm 之间，深度在 33 ~ 40 cm 之间。（3 ~ 5 孔的特殊灶台开孔尺寸更大，需根据型号确认）

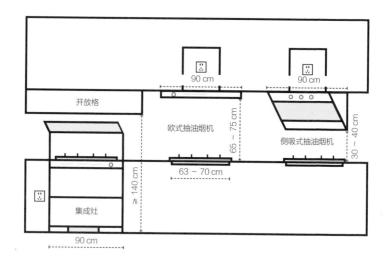

2. 冰箱的预留尺寸

目前，市面上比较流行的冰箱分别是三门冰箱、对开门冰箱和法式冰箱（十字开门冰箱属于法式冰箱）。要注意：嵌入式冰箱柜的深度一般为 60 cm，并不意味着冰箱的深度就是 60 cm，其实大部分冰箱的深度要大于 60 cm，但柜体深度预留 60 cm 即可。

此外，冰箱的插座千万不要设计在背后，而应设计在冰箱侧边，这样插拔更方便。

嵌入式冰箱柜预留尺寸

电器种类	宽	高	深
三门冰箱	60 ~ 70 cm	180 ~ 190 cm	60 cm
对开门冰箱	95 ~ 100 cm	180 ~ 190 cm	60 cm
法式冰箱	70 ~ 95 cm	190 ~ 200 cm	60 cm

3. 嵌入式蒸箱、烤箱和洗碗机的预留尺寸

相比蒸箱，烤箱和洗碗机在家居中的普及率较高，因此先展示嵌入式烤箱和嵌入式洗碗机的设计尺寸，可以将洗碗机、烤箱进行叠放，统一设计在高柜中，要注意洗碗机和烤箱之间是需要层板的。

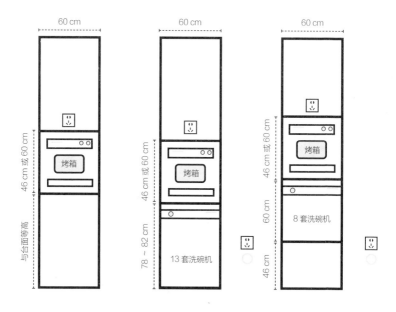

如果在定制柜中增加蒸箱，只能与 8 套洗碗机进行叠放，若想搭配 13 套洗碗机，则洗碗机需要设计到旁边的地柜中，否则叠放后高度太高。注意烤箱和蒸箱叠放时，两者之间是有 2 cm 厚的层板，烤箱的预留高度应减去层板厚度。

洗碗机、烤箱和蒸箱的宽度是一致的，都是 60 cm，最佳深度也是 60 cm；高度方面，不同款式的机器差异较大，因此在定制家具时最好先确认一下需要购买的烤箱、蒸箱以及洗碗机的具体款式，或准备几个高度一致的机型作为备选。

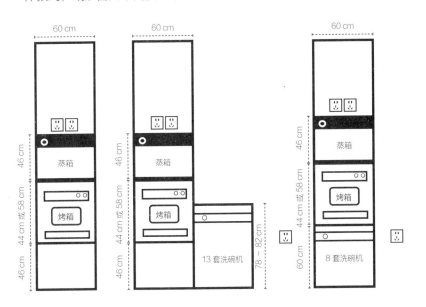

嵌入式电器柜中的尺寸及水电预留

电器种类	高柜预留尺寸			电路预留	进水预留	出水预留
	宽	高	深			
13 套洗碗机	60 cm	78 ~ 82 cm	60 cm	两侧	两侧	两侧
8 套洗碗机	60 cm	60 cm	55 cm	两侧	两侧	两侧
嵌入式烤箱	60 cm	46 cm 或 60 cm	55 ~ 60 cm	两侧、上部	无	
嵌入式蒸箱	60 cm	46 cm	55 ~ 60 cm	背面、两侧、上部	无	

4. 净水器和垃圾处理器的预留尺寸

净水器和垃圾处理器虽然不属于嵌入式电器，但也需要提前预留空间，否则后期可能无法正常安装。垃圾处理器的直径一般不超过 25 cm，只需预留合适的悬空空间（高度不小于 45 cm 即可），千万不要画蛇添足地增加支架。

新款 RO 净水器的宽度都能做到 15 cm 以内，高度在 40 ~ 47 cm 之间，深度为 40 ~ 43 cm。建议选择没有储水桶的净水器。

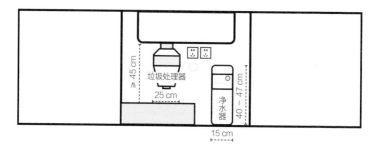

水槽下方的尺寸预留

电器种类	宽	高	深
垃圾处理器	25 cm	≥ 45 cm	25 cm
RO 净水器	15 cm	40 ~ 47 cm	40 ~ 43 cm

5. 洗衣机和烘干机的预留尺寸

洗衣机、烘干机大都为标准尺寸——60 cm（宽）×60 cm（深）×85 cm（高）。在定制洗衣机柜时，柜体深度做到 60 cm 即可，洗衣机、烘干机叠放设计的宽度应预留

70 cm，两侧不能卡紧，高度为 180 cm。洗衣机和烘干机平放的柜体宽度为 135 cm，高度预留 90 cm 即可。

水电设计方面，需要为洗衣机预留插座、进水口和出水口，而烘干机不需要进水口，只需要为其预留插座和出水口即可，出水口可利用三通接头和洗衣机共用一个地漏。

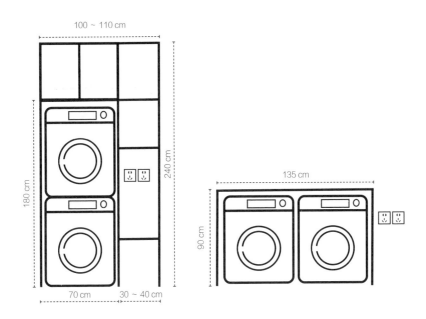

洗衣机柜中的电器尺寸及水电预留

电器种类	尺寸			水电预留		
	宽	高	深	电路	进水口	出水口
洗衣机	60 cm	85 cm	60 cm	两侧	两侧	两侧
烘干机	60 cm	85 cm	60 cm	两侧	无	与洗衣机共用三通接头

装修流程耗时表

装修顺序	装修过程	施工周期（天）	生产周期（天）	注意事项
1	量房设计	30	—	方案确定后尽量不要改动
2	拆除与新建墙体	5 ~ 7	—	承重墙、剪力墙不能动
3	水电改造	7 ~ 10	—	拍照存留
4	外门窗安装	1	30	明确材质
5	瓷砖铺贴	10 ~ 15	—	检查有无空鼓现象
6	木工吊顶	3 ~ 5	—	全包报价
7	油工、壁纸	10 ~ 15	—	油漆一定要干透
8	厨卫吊顶	1	—	全包报价
9	地板安装	3	15	充分利用边角料
10	定制家具	3	30	确定好尺寸
11	室内门安装	1	30	保护好地板
12	插座、灯具	1	—	提前确定好安装位置
13	五金洁具	1	—	提前预留好尺寸
14	家具家电	1	—	按照尺寸、喜好购买
15	补漆	1	—	利用预留余漆
16	软装	灵活	—	风格统一

这个装修流程简表的作用是方便业主了解整个装修流程、关键步骤以及所需的时间，在合适的时间节点去复核尺寸数据。因为每个工种的切换需要耗费一定的时间，实际的总施工时长一般得三个月以上。

首先是量房设计，如果前期规划不好，后期等待你的就是多次返工和预算的不断增加，而本书的核心内容就是教你如何规划前期的尺寸。

其次是墙体拆建和水电改造，其他工序后期都可以通过局部改动来调整，但这两部分一旦要改动基本上等于重新装修。

再次是瓦工、木工和油工三大工种，注意事项比较多，需要把握三点：瓷砖无空鼓现象，木工报价要全包，油工刷漆要干透。

最后是厨卫吊顶和地板的铺设，要把地板铺设放在定制家具和室内门安装之前，这样可以确保全屋定制家具拥有完美的收边，并且和室内门更贴合。

附录 3 装修物料购买跟进表

装修物料购买跟进表

确认时间	购买时间	主项目	分项目	备注
设计前	水电改造前	预装家电	中央空调、风管机、空调	确认安装位置
			新风系统	
			地暖、暖气片	
定制家具前	入住前	嵌入式家电	洗碗机	定制橱柜前确认尺寸
			烤箱、蒸箱	
			冰箱	
	橱柜安装前		集成灶、抽油烟机	
水电改造前	水电改造前	定制家具	橱柜、衣柜、电视柜	水电定位
	补漆前	普通电器	燃气热水器、电热水器	可先确认型号，后购买
			投影仪、电视机	
			智能窗帘	
	入住前	普通电器	洗衣机、烘干机	
			净水器	
			垃圾处理器	
			智能坐便器	
	水电铺设前	预装五金件	地漏、角阀	需要前期安装
			前置过滤器	
			浴缸	
			埋墙花洒、龙头	
	补漆前	灯具	各类灯具	确认电位

确认时间	购买时间	主项目	分项目	备注
瓦工开工前	瓦工开工前	瓷砖	墙地瓷砖	预留进货期
		地板	木地板	
		窗户	封窗	很贵，尽量不要换
油工开工前	油工开工前	墙饰	油漆、壁纸、墙布	可以半包
		门	室内门	定制周期约一个月
补漆前	补漆前	洁具	坐便器	提前买，不发货
			花洒	
			洗脸盆、镜柜	
			淋浴房	
		门	防盗门	尽量不要换
		开关、插座	开关、插座	提前买
入住前	入住前	成品家具	餐桌、餐椅	不用确定品牌，但最好提前确定尺寸
			床	
			沙发	
			其他	
		软装	窗帘	风格统一
			绿植	
			其他	

要问装修过程中最令人头疼的是什么，那莫过于各种主材、辅料、家具以及家电等的购买顺序了。买早了没地方放，买晚了尺寸无法预留。本附录分七步教你搞定物料尺寸及购买顺序。

1. 设计前

施工设计前需要确认的尺寸主要涉及三大部分：制冷部分（中央空调、风管机）、制热部分（地暖、暖气片）和换气部分（新风系统）。这些电器大都属于预埋电器，如果出现问题，后期维护和更换难度较大。

设计前物料购买跟进表

确认时间	购买时间	主项目	分项目	备注
设计前	水电改造前	预装家电	中央空调、风管机、空调	确认安装位置
			新风系统	
			地暖、暖气片	

2. 定制家具前

第二个阶段是定制家具前需要确定的家电尺寸，主要是各种嵌入式电器。这些电器并不是一定要提前买，但是务必要提前确定款式和对应的尺寸，否则可能出现柜门打不开，或者留空过大、过小以及插座位置预留不对等问题。

定制家具前物料购买跟进表

确认时间	购买时间	主项目	分项目	备注
定制家具前	入住前	嵌入式家电	洗碗机	定制橱柜前确认尺寸
			烤箱、蒸箱	
			冰箱	
	橱柜安装前		集成灶、抽油烟机	

3. 水电改造前

水电改造前需要确认的四大类尺寸分别是定制家具、普通电器、预装五金件以及灯具，这四类决定着水电的尺寸布局。切记水电改造是装修中的大头，也是最重要的部分。

水电改造前物料购买跟进表

确认时间	购买时间	主项目	分项目	备注
水电改造前	水电改造前	定制家具	橱柜、衣柜、电视柜	水电定位
	补漆前	普通电器	燃气热水器、电热水器	可先确认型号，后购买
			投影仪、电视机	
			智能窗帘	
	入住前	普通电器	洗衣机、烘干机	
			净水器	
			垃圾处理器	
			智能坐便器	
	水电铺设前	预装五金件	地漏、角阀	需要前期安装
			前置过滤器	
			浴缸	
			埋墙花洒、龙头	
	补漆前	灯具	各类灯具	确认电位

4. 瓦工开工前

在瓦工开工前需要购买瓷砖和室内窗户，并确定好尺寸。很多人不理解为什么地板也要提前确认，这是因为地板有进货周期，一般至少半个月。

瓦工开工前物料购买跟进表

确认时间	购买时间	主项目	分项目	备注
瓦工开工前	瓦工开工前	瓷砖	墙地瓷砖	预留进货期
		地板	木地板	
		窗户	封窗	很贵，尽量不要换

5. 油工开工前

油工开工前需要确认刷漆、贴墙布（壁纸）和背景墙的位置，还需要定制室内门。瓦工完工后，室内门的尺寸基本上就可以确定了。一般室内门需要一个月左右的订货周期，应提前购买并确定相关尺寸。

油工开工前物料购买跟进表

确认时间	购买时间	主项目	分项目	备注
油工开工前	油工开工前	墙饰	油漆、壁纸、墙布	可以半包
		门	室内门	定制周期约一个月

6. 补漆前

补漆前除了软装家具外，硬装、灯具等基本都装完，如卫生间的五金洁具、室内门、防盗门、开关、插座以及各种灯具。这部分安装耗时相对较短，一般是由多个工队负责安装。

补漆前物料购买跟进表

确认时间	购买时间	主项目	分项目	备注
补漆前	补漆前	洁具	坐便器	提前买，让商家暂时不发货
			花洒	
			洗脸盆、镜柜	
			淋浴房	
		门	防盗门	尽量不要换
		开关、插座	开关、插座	提前买

7. 入住前

最后是成品家具和软装进场，入住后可根据自己的实际需求慢慢添置，千万不要一冲动就买齐了所有单品。但需要提前确认成品家具的尺寸，因其关系到各个空间的布置和尺寸预留，如过道的宽度预留、床头插座的安装位置和灯具的设计等。

入住前物料购买跟进表

确认时间	购买时间	主项目	分项目	备注
入住前	入住前	成品家具	餐桌、餐椅	不用确定品牌，但最好提前确定尺寸
			床	
			沙发	
			其他	
		软装	窗帘	风格统一
			绿植	
			其他